平菇、白背毛木耳、
猴头菇栽培菇棚二

杏鲍菇栽培菇棚

自制拱架结构的菇棚

1

接种室

简易培养室

灭菌室

2

手提式灭菌器

接种箱

自制恒温箱

3

自制保温箱

灭菌周转箱和
千斤顶小车

臭氧发生器

4

自制打孔器

自制拌料机

培养料发酵

培养料人工装袋

多人合作接种

正在培养的菌袋

6

上架出菇的菌袋

适时挑袋

黑平菇上架出菇

7

白平菇出菇

采摘白平菇

猴头菇

8

新农村建设致富典型示范丛书

食用菌周年生产致富
——河北唐县

泰立芳　史　峥　编著

金盾出版社

内 容 提 要

本书系新农村建设致富典型示范丛书之一。内容包括：食用菌栽培致富带头人姚振庄，食用菌周年生产的优点和菇种科学搭配，食用菌周年生产的基本设施、设备和用品，食用菌制种技术和菌种保藏，食用菌周年生产新技术，食用菌常见病虫害综合防治，食用菌规模生产的科学管理，食用菌周年生产问题解答等。书中介绍的事迹真实感人，语言通俗易懂，内容新颖，针对性和可操作性强，适合有志于食用菌致富的广大农民及专业技术人员阅读，还可作为职业技能培训教材。

图书在版编目(CIP)数据

食用菌周年生产致富：河北唐县/泰立芳，史峥编著 . —北京：金盾出版社，2008.3
（新农村建设致富典型示范丛书）
ISBN 978-7-5082-4969-8

Ⅰ. 食…　Ⅱ. ①泰…②史…　Ⅲ. 食用菌类-蔬菜园艺
Ⅳ. S646

中国版本图书馆 CIP 数据核字(2008)第 002037 号

金盾出版社出版、总发行
北京太平路 5 号(地铁万寿路站往南)
邮政编码：100036　电话：68214039　83219215
传真：68276683　网址：www. jdcbs. cn
北京蓝迪彩色印务有限公司印刷装订
各地新华书店经销

开本：787×1092 1/32　印张：3.375　彩页：8　字数：66 千字
2008 年 3 月第 1 版第 1 次印刷
印数：1—10000 册　定价：7.00 元

前　言

食用菌作为一种产业,改革开放20多年来,得到了长足、稳步发展,产量以每年18%～20%的速度递增,我国已成为食用菌生产大国,跃居世界之首。自20世纪70年代末以棉籽壳为代用料栽培食用菌开发成功后,北方各省、市食用菌生产发展迅速,不仅产量直线上升,栽培方式、栽培手段、栽培技术等不断改革创新,品种结构由原来的平菇、香菇、双孢菇少数几大菇类向多元化多品种方向发展,由原季节性生产向周年生产发展。一些名贵菇类,如白灵菇、茶树菇、杏鲍菇、鸡腿菇、猴头菇等陆续在市场出现,且产量逐年增加,市场呈现一片繁荣景象。

随着改革开放深入进行,经济持续发展,城乡人民生活水平不断提高,食用菌以其特有的营养价值越来越受到人们重视,已成为大众化菜类,国内市场潜力巨大。我国已加入世界贸易组织,其出口贸易量逐年增加,更给食用菌生产带来了空前的商机。农村机械化水平不断提高,剩余劳力增加,农业下脚料每年大量产出,这些人力资源、原材料资源、市场等优势,使食用菌产业具有相当大的发展潜力。有些省、市的一些县、乡、村,食用菌生产已成为当地经济的支柱产业,也成为农民致富的重要途径。但有相当多的地区至今未得到发展,或只限于零零散散种植。

被称为河北省食用菌之乡的唐县地处山区,平原不多,缺少资源,但当地农民思想意识并不落后,20多年来,已发展为华北较大的食用菌生产基地。本书主人公姚振庄的致富经历及其食用菌生产业绩,反映了改革开放后农民靠生产致富的历程。笔者将他的事迹,他的先进经验和先进技术如实介绍给大家,期望广大读者能从中获益。尤其是那些自然条件差又缺少资源的贫困地区,既无资金,又无技术,苦于找不到致富门路的农民朋友,希望能从中受到启发。

因时间仓促,笔者水平所限,书中难免有错漏之处,望读者批评指正。写作过程中,得到了本书主人公姚振庄的大力支持和协作,在此表示衷心的感谢。

编著者

2008 年 1 月

目　　录

一、食用菌栽培致富带头人姚振庄

古城保定西行 50 千米,便是河北唐县。这里曾是革命老区,红色根据地,抗日战争和解放战争时期,涌现出了不少英雄人物和革命事迹。在改革开放,发展生产,奔小康的新形势下,唐县人民发扬革命光荣传统,又做出了令人瞩目的成绩。如今,唐县已成为华北地区较大的食用菌生产基地,被誉为河北省食用菌之乡。全县种菇涉及 13 个乡镇,160 个自然村,2万余户。地处平原的一些村庄,以栽培平菇为主,山区、半山区的菇农,主要栽培金针菇、杏鲍菇、鸡腿菇等。目前,已建立了三道岗村、东同笼村、东雹水村等 9 个食用菌交易市场。产菇季节,每天凌晨天还不亮,菇农纷纷拉着采摘的鲜菇,赶至交易市场,交给专业拉菇的菇商,由菇商装车当天运至北京、石家庄、天津、太原、大同、大连等大、中城市的批发市场,收购现场一片繁忙景象。

在众多菇农中,唐县平菇协会会长、恒发食用菌有限公司董事长姚振庄的业绩和创业经历,代表了唐县人民改革开放 20 多年来,靠发展生产勤劳致富的发展历程。他的先进经验和先进技术,为那些经济不发达地区的农民树立了致富的榜样,开拓了一条切实可行的致富途径。

(一)创业的艰辛之路

姚振庄,男,1963 年出生,唐县城关仁厚镇南坛村人,1980 年高中毕业,高考以几分之差落榜,开始务农。1983 年,他从报纸上看到了一条种菇信息,决定在自家庭院搞生产试验。当时北方食用菌栽培很少,附近望都县有少量种植,便前往购买栽培种,栽培平菇用1吨干料。在小拱棚(冷棚)内做畦,用棉籽壳作代用料进行畦栽,初试成功。这种栽培方式是北方代用料栽培食用菌的初始阶段。当时华北地区是主产棉区,棉籽壳作为废料在轧花厂堆积如山,棉籽壳作原料只2分钱1千克,种出的鲜菇6角钱1千克,一般1千克干料可以产出1千克鲜菇,获得了一定的经济效益。对食用菌栽培有了初步认识,从此开始订阅全国食用菌核心期刊《食用菌》杂志,后又订阅了《中国食用菌》杂志,他认真学习这两种专业刊物,至今从未间断,从中获取信息并结识了一些专家、学者。

1986年,姚振庄从报纸获悉山东省青州某食用菌研究所有一种好的平菇品种,决定乘车前去购买。当时的交通很不方便,地方又很偏僻,为2支试管母种,返回途中要步行20千米到达一个小镇住下,次日才赶至火车站乘车返回。同样的事情在今天只需要一个电话,到邮局或银行将钱汇去,几天后菌种便可寄到。还有一次去锦州学习制液体菌种技术,返回途中遇小偷,除车票外身上所带不多的钱全部被偷走,吃尽了苦头。尽管如此,他对所从事的事业充满信心,从未想到过放弃。

1986年,当地外贸部门收购草菇,姚振庄开始学习制种技术,用大蒸锅灭菌,由于灭菌时间掌握不好,菌种全部被污染。他总结失败原因,继续试验,在困难和失败面前从不灰心丧气。1987年外贸部门收购盐渍平菇,由于积累了一定的经验,投入干料10~15吨,和本村6户农民(其他人投料1~2吨)互相帮助,正式开始了食用菌栽培事业。

这样连续几年,到1990年,发现盐渍平菇交外贸收购价格不划算，不如直接鲜销上市价格高，大家商议，扩大规模，自己开拓鲜销市场，栽培料由 10 吨增至 30 吨。他的决定立即遭到父亲和妻子的反对，原因很简单，怕赔钱、怕冒风险。亲人的反对和担心是可以理解的，但他坚持自己的意见不动摇。照他自己的话说，心中有数，即挣钱多少说不准，但绝不会赔钱。当时栽培技术已过关，以后逐年加量，自家责任田不够，另租地扩大生产。姚振庄指导村民制种和栽培管理，村民在他的影响和带动下由 6 户发展到 30 多户。

1990 年，是姚振庄事业的转折点，由于当地鲜销容量有限，再扩大规模，必须开拓新市场。先由菇商试探性拉了一车鲜菇约 2 吨到大同市场，由于缺乏经验，冬季寒冷，箱内的鲜菇全冻成大块，一车鲜菇一直卖了 10 余天。第二次去销售盖上棉被，解决了鲜菇受冻的问题。大同市场开发成功，大同振华蔬菜批发市场定时来车拉货，从此不愁销路。市场容量较大，种多少销多少，一直持续几年。见到栽培食用菌能挣钱，村子里栽培户越来越多，产菇高峰期每天拉货的车 20 余辆，日产鲜菇约 100 吨，全部销往大同市场。

过了几年，由于大同市场鲜菇销售疲软，为寻找销路，需要开发新市场。经熟人介绍，联系到大连市外贸局收购鲜菇，加工速冻，出口欧洲和日本等国。当时主栽品种灰平菇易碎，不利于长途运输，加之兴起的"黑色食品热"的影响，开始由灰平菇转向栽培颜色较深即现在的黑平菇品种。为适应市场需求，姚振庄在生产中选育出 1 新菌株。

2000 年以后，开始少量到北京市场试探性销售，后在当地由菇农自己组织运输到北京市场批发，从此打开了北京市场。栽培方式由畦栽变成袋栽。由于小拱棚冬季保温性能极差，冬季不能出菇，但冬季市场价格高，姚振庄受种大棚蔬菜的启发,改冷棚为日光温室塑料暖棚栽培食用菌,试验获得成功。冬季选择低温型品种,棚内不生火能保证平菇正常出菇。此法迅速传至顺平、望都等邻县。如今,利用日光温室塑料大棚冬季出菇已成为普遍的大众化的栽培方式。唐县种菇户由几户农民开始,发展为今天的以自然村为生产小区的大的食用菌生产集散地。

种植户多了,规模大了,大家都集中在相同季节栽培同种菇类,出菇时间集中,上市量大,价格下跌,菇农收入受损,影响积极性。面对新问题,根据市场变化,大家商议错开接种时间,分批装袋,以调节产菇集中、价格不稳的矛盾。

随着城乡人民生活水平的不断提高,人们的消费观念也在发生变化,由单一以平菇为主体的市场逐渐向多菇类、多品种方向发展。如北京市场鸡腿菇、杏鲍菇、白灵菇、茶树菇、金针菇等名贵菇类相继出现,逐年增多,不仅销售好,价格也高。市场的需求变化对生产者提出了新的要求,必须向多菇类多品种方向发展。

(二)食用菌周年生产模式探索成功

为充分利用有限的土地和设施,进一步发掘生产潜力,姚振庄于2000年开始了周年栽培模式试验。最初,他选择了秋、冬、春三季栽培平菇,夏季栽培草菇的周年生产模式,由于草菇销路受限,改为夏季栽培由台湾省引入福建省漳州的白背毛木耳优良品种台43-2,该品种属中温结实性菌类,口感柔嫩,生物效率150%～200%,抗逆性强,市场价格好,既可鲜销,又可晒成干品贮存干销。秋、冬、春季栽培黑平菇,夏季栽培白背毛木耳,5月上中旬平菇出菇结束,废菌袋出棚后木耳菌袋入棚上架出耳,10月上旬结束。白平菇色泽艳丽,菇形美观,市场不多见,试种后,鲜销北京等城市的大、中型超市,很受消费者欢迎。遂以2种平菇分别和白背毛木耳搭配周年栽培。

利用原有的土地和设施,周年栽培多了一个生长季节,经济效益成倍增长。姚振庄现已建了1 800平方米住宅和生产兼用的两层楼,建简易培养室,租地0.4公顷,年栽培干料200吨左右。

姚振庄不满足已取得的成绩,始终和外界同行及大专院校、科研单位的有关专家保持密切联系,经常去北京市场调查研究,掌握市场动向,从不盲目生产。生产中,重视科学实验,经常去外地参观取经,不断改进创新。在原有周年生产模式的基础上,又增加了利用栽培平菇的废菌糠进行鸡腿菇周年栽培,白平菇－猴头菇－白背毛木耳3个菇类搭配的周年栽培,杏鲍菇周年栽培2种模式。边生产边发现问题边改进创新是姚振庄的最大特点,如鸡腿菇传统的栽培方式是菌丝长满菌袋后,棚内做畦,将菌袋剥掉袋皮,横卧摆放畦中覆土,此法空间利用率低,一旦污染无法控制,栽培结束后清理场地费工,针对这些问题,他钻研思考,到外地参观,改传统方式为层架立体栽培,不剥袋,袋的一头敞口,袋口内覆土出菇,这样上述3个弊端全部得到解决。

(三)食用菌错季生产试验示范

姚振庄靠栽培食用菌开拓了一条致富之路。自己富裕了,没有忘记周围的村民,从一开始,他就带动本村6户农民一起干,由6户发展至30多户,继而越发展越多。他将掌握的技术毫无保留地传授给村民，手把手教村民制种、选择优良品种，共同磋商开拓市场，将自己的技术发明无偿传授给村民，使大家共同获益。在他的影响和带动下，不仅种植户越来越多，规模也越做越大。他探索的周年栽培模式和新技术将在全县示范推广。与此同时他与河北农业大学有关专家合作，在张北县搞食用菌错季生产试验示范，拟带动贫困地区的农民共同致富。

按食用菌适宜条件的季节栽培，生产上称为常规栽培。华北中部平原地区，夏季炎热，气温最高时可达38℃～39℃，适宜较低温度凉爽条件下生长的菇类或有些品种夏季不能正常生长，绝大部分菇农的菇棚夏季闲置，市场上因为生产少了，成为淡季。近年来，人们开始将平原地区夏季不能栽培的菇类移至夏季气温低的高海拔地区栽培，即称为反季节栽培或称错季栽培。

地处河北省北部张家口坝上地区的张北县，海拔1 600米以上，土地几乎全是粗砂，保水性能极差，瘠薄缺水，能生长的树木极少，牧草也长不高。无霜期短，冬季最冷时气温降至－30℃以下，五一节以后才刚化冻，气候条件和地理条件很差。且缺少资源，当地农民经济贫困，没有收入来源，青年男子大都外出打工，但是夏季凉爽，适宜食用菌错季生产。

食用菌生产的特点是占地少，用水少，设施投入不很高，技术环节较易掌握，对劳动力文化水平要求不高，但经济效益一般比农作物和其他蔬菜生产都高。河北农业大学张北实验站有关专家探索利用当地夏季气候资源优势，发展食用菌错季生产。经品种比较试验，在平原夏季不适宜栽培的平菇品种，可在坝上正常出菇，生物效率不比平原秋、冬、春季栽培低。前期试验在张北实验站进行，试验了生产上正在栽培的平菇2026、世纪三和615这3个品种,共制种3000袋。棉籽壳作栽培料,加10%麸皮,每袋装600～650克干料,7月下旬出菇。菇棚半地下式,平地向下挖1米,宽4米,棚内最高点2.5米,最低处1.8米。棚顶用竹竿搭建,上面盖一层薄膜,膜上面覆盖双层稻草帘。通过人工控制,晴天时,白天基本不卷草帘,一般早晨和傍晚将稻草帘卷起,棚内温度始终保持在18℃～21℃。早晨和傍晚各喷水1次,喷水时通风并结合夜间通风。下雨天将草帘卷起,昼夜通风。与平原地区管理相同,不需采取特殊措施,只是以降温保湿结合通风为主。头潮菇出菇集中,长势很好,从现蕾到子实体成熟采摘5～6天,子实体端正,颜色比平原冬季菇稍浅。3个品种的表现各不相同,其中世纪三对温度、氧气、光照均不敏感(有1/3在土房子里出菇,通风和光线都不好),菇形和颜色都很好;615对氧气和光照敏感,尤其对氧气,通风不好,菌柄长;2026最差,不适于20℃以上的高温,不仅颜色发白,子实体未长成熟就烂掉了。出2潮菇后,抹成菌墙,继续出菇至10月底。

姚振庄在张北实验站投料50吨,主栽黑平菇品种世纪三、615及白平菇品种,同时继续试验增加杏鲍菇等其他菇种,搞试验示范,为以后在当地推广做先期技术准备。

栽培场地改平原的日光温室塑料大棚为地沟式栽培,以利于降温保湿。沟宽4米,深2米,棚顶用竹竿架构搭建,改向阳的斜面为棚顶中间起脊,双层草帘覆盖。棚内地面铺薄膜,膜上覆土,防渗保湿。这种地沟棚造价低,投入少,降温保湿性能好,符合当地农民经济困难、缺少资金投入的实际情况。像北京、天津这样的大城市夏季7～8月份市场菇类货源短缺,价格高。从2006年8月份北京新发地市场每天公布的蔬菜和食用菌价格看,平菇的价格比秋、冬、春季节高1～3

倍。坝上地区交通条件很好,公路畅通,距北京 200 多千米。从发展散户生产开始,每户 1～2 个棚,10～20 吨干料,多户种植,规模大了,便可解决鲜销北京市场的运输成本问题。2007 年夏季试验示范已取得成功,在此基础上,认真总结,以后继续进行,边试验示范边推广。

(四)食用菌生产致富经验总结

姚振庄从事食用菌生产 20 多年来,脚踏实地,一步一个脚印,事业稳步发展,越做越大。他的业绩给周围农民树立了生产致富的榜样。人们能看得到,摸得着,有经验可学,切实可行。他重科学、肯钻研、踏踏实实做事、老老实实做人的品格使他获得成功。但若让他谈成功经验,他只是微笑着,不便一条条地说出,他太忙了,没有时间认真总结,在和他接触的过程中,发现他身上具有很多亮点。

第一,重视科学知识的思想意识。20 多年来,每期食用菌杂志都认真学习,从不间断。不仅学习,还能看出别人存在的问题,自己在实践中加以改进,从不机械地模仿。和同行研究探讨、和专家保持联系使他视野开阔。

第二,踏踏实实做事,老老实实做人的态度。做任何事都非常细心,认真,勤于思考,脚踏实地,不浮躁、不盲目,对所从事的事业具有坚定的信心和坚韧不拔的毅力。

第三,肯钻研,不断进行技术创新。这是他与众不同的最大长处,他处处以节约成本、提高工作效率为指导思想,因陋就简,不断进行技术革新和发明创造。自制小小裁袋器、打孔器,成本低廉,看起来很不起眼,用起来既省工又省力。建棚用的复合材料拱架是自己制作的,臭氧发生器是自己组装的,拌料机、装袋机是自己构思焊制的，保温箱是自己研制的，并将废旧冰箱改成生化培养箱，所有这些看似简单的设备，倾注了他的智慧和心血，使他的生产成本大大降低，工作效率显著提高。以臭氧发生器为例，买一台至少 600～700 元，自己做只花成本费，节约经费一半以上。

第四，把握市场动向。他随时进行市场调研，始终根据市场需求变化调整生产格局，同时在技术上全面提高。

第五，带动周围农民共同致富的互助精神。他乐于助人，大家共同获益，食用菌生产规模大了，不仅利于远销，也使得自己的事业得到长足发展。

二、食用菌周年生产的优点和菇种科学搭配

（一）食用菌周年生产的优点

随着社会经济的发展，科学技术不断进步，耕地面积在逐年减少。农村机械化水平提高，剩余劳力增加。如何充分利用有限的土地，最大限度地提高单位面积产量，是目前我国农业生产中的新问题。通过耕作制度改革，各地不断摸索出很多因地制宜、切实可行的提高土地利用率的耕作方式。食用菌周年生产具有以下优点。

1. 充分利用土地、原材料和人力资源

食用菌周年生产不仅具有占地少、投入少、效益高的优势，还可使每年产出的大量农业下脚料得到充分利用，变废为宝，同时保护了环境。食用菌栽培投入少、周期短、见效快，对从业人员的文化水平要求不严格，为农村剩余劳力找到了很好的增加收入的途径。华北地区，传统的食用菌生产，一般都是夏末制种，秋、冬、春三季出菇。一年中，因夏季气温高不适宜栽培而停止生产，菇棚等设施闲置一个季节，这是很大的资源浪费。选择适于较高温度下栽培的菇种，可使夏季闲置的菇棚、农业下脚料、剩余劳动力得到充分利用，创造出更多的经济效益。

2. 经济效益成倍增长

一个宽 7 米、长 33 米、占地面积仅 231 平方米的日光温

室塑料大棚,秋、冬、春三季栽培平菇,采用一场制,完成一个生长周期,能容纳 10 吨以上干料,产鲜菇 8.5 吨左右。夏季栽培白背毛木耳,在发菌室发菌,棚内出耳,一棚容纳 10 吨以上干料,产鲜耳 15 吨以上(两场制,完成两个生长周期,一棚种植 2 次,投料 20 吨,产鲜菇 20 吨左右),多了一个季节,生物效率增加 1 倍,经济效益随之增加 1 倍。例如,姚振庄在 0.4 公顷(6 亩)地上建起 10 个日光温室塑料大棚,每年栽培干料近 200 吨,获毛利 30 多万元。

(二)食用菌周年生产菇种的科学搭配

1. 菇种搭配的依据

确定周年生产菇类搭配时,要根据当地自然气候条件变化、市场需求、投入产出比等因素综合考虑。华北中部平原地区冬季寒冷,夏天炎热,利用棚室不能完全人为控温,依然以自然气候季节性变化为前提。栽培哪种菇能生长,市场上哪种菇好销售,经济效益如何,要进行市场调查。根据市场需求及价格变化进行调整,单一的生产模式易受价格不稳的影响,多样化更具竞争力。

平菇具有生长周期短、原料广泛、抗逆性强、栽培技术相对简单、容易被栽培者掌握、生物效率相对高的优势。在华北地区,市场上平菇销售约占食用菌上市量的 80%,以鲜销为主,价格比其他菇类低,已成为百姓常吃的菜类。菇农生产的鲜菇,可直接或间接由菇商收购上市,市场需求量大。杏鲍菇、金针菇、鸡腿菇、猴头菇属名贵菌类,市场价格高。

夏季适宜栽培的菇类不多,即使气候适合,不一定有市场。例如,草菇适宜夏季栽培,但不易保存,不易运输,若当地没有单位收购加工,采摘后几小时就会腐烂。白背毛木耳在较高温度条件下能生长,抗逆性强,而且生物效率高,可达150%～200%;既可鲜销上市,又可卖干品,耐贮运,且口感柔嫩,味道鲜美,很受消费者欢迎。食用菌周年生产主要有以下5种栽培模式。

模式一　秋、冬、春栽培黑平菇,夏季栽培白背毛木耳。

模式二　秋、冬、春栽培白平菇,夏季栽培白背毛木耳。

模式三　秋、冬、春栽培白平菇、猴头菇,夏季栽培白背毛木耳。

模式四　杏鲍菇周年栽培。

模式五　鸡腿菇周年栽培。

2. 品种选择

确定了栽培的菇种,选择栽培哪个品种也很关键。选择品种的原则:一要考虑温度能否适合当地秋、冬、春季出菇,主要是考虑冬季最冷月份的温度,如华北中部地区一般选择低温型或对温度反应不敏感的广温型品种。二要考虑市场需求,如消费者对子实体大小、色泽的要求。三要考虑鲜销距市场有多远,品种的柔韧性如何,运输中产品是否易碎。四要考虑生物效率高低,抗病性是否强等因素。

以平菇为例,要达到低投入高产出,若冬季1月份最冷时棚室内不生火能正常出菇,应选耐低温的低温型品种,否则冬季很长时间不出菇。有些平菇品种易感病,影响产量和商品价值,应选抗病性较强的品种。面向北京市场鲜销平菇,消费者喜欢子实体大小适中的,张家口市场消费者则喜欢子实体个较大的。以前平菇生产以灰平菇为主,近年来出现黑平菇后,逐渐取代了灰平菇。黑平菇比灰平菇生物效率低,较耐运输,且销售好。白平菇在北京、天津、石家庄、保定等地区鲜销市场不多见,目前主要进大、中城市的大、中超市,或装礼品盒,以其特有的艳丽色泽和菇形受到消费者欢迎。白平菇生物效率低,约为 70%,且熟料栽培,工艺较黑平菇复杂,抗杂菌能力差,但价格高,总的经济效益好。综合考虑选择白平菇。

以木耳为例,消费者对木耳的要求主要是口感柔嫩。黑木耳不耐高温,夏季不能栽培。毛木耳比黑木耳不仅耐高温,且抗逆性强,口感往往不如黑木耳,但近年来毛木耳中有些品种,不但产量高,品质和口感也大有改善。白背毛木耳台 43-1、台 43-2、台 43-3 适口性很好,生物效率高,抗逆性强,易栽培,经济效益较好。综合考虑选择白背毛木耳台 43-2 较好。

三、食用菌周年生产的基础设施、设备和用品

（一）菇　棚

1. 栽培平菇、白背毛木耳、猴头菇的菇棚

日光温室、塑料大棚是周年生产平菇－白背木耳、平菇－猴头菇－白背木毛耳的既经济又好用的设施，控温保湿性能好，造价低。

选择地势较高、下雨不存水又向阳的地方建棚，注意要远离厕所、猪圈、垃圾等污染源，就地用土，向下挖约 50 厘米深，挖出的土用墙板打成 1 米多厚的土墙，东西两侧墙北高南低，坡度呈 30°角，北墙高 2.6 米（从棚内量），棚宽 6.5～7 米，南端高 1.7 米，长不限，因地制宜掌握。为了便于操作，棚长一般以不超过 50 米为好。棚与棚之间距离 3～4 米，一是不影响各棚接受光照，二是便于管理操作。棚顶一般采用粗细不等的竹竿作骨架，用自制的水泥柱支撑，竹竿上蒙一层塑料薄膜，薄膜上覆盖稻草帘，造价低。水泥柱下部宽 9 厘米，上部宽 6 厘米，厚 4 厘米。随棚的坡度高低不等，最高的 2.6 米，最低的 1.7 米。抹制水泥柱时内放 2 根钢筋，柱的一端抹成槽，搭建时槽内横放竹竿，近上端 5 厘米处留一孔，用来穿铁丝固定竹竿。建棚时，水泥柱行距 115 厘米，柱间距 150 厘米。水泥柱有 3 个用途，一是支撑棚顶竹竿；二是栽培袋堆叠摆放时防止菌袋因摆放过高而倒塌；三是以水泥柱作支柱搭

架,吊挂木耳菌袋。棚顶竹竿架构上面覆一层塑料薄膜,膜上面覆盖草帘。用竹竿作棚的骨架有 2 个优点,一是造价低,二是竹竿不怕潮湿,不发霉,经久耐用。也可用复合材料拱架搭建,拱架比竹竿架构耐用,不怕潮湿。若买成品,每根约 70元,比竹竿架构成本高。姚振庄买原料自己制作,成本降低,每根只需 30 元。

2. 杏鲍菇菇棚

栽培杏鲍菇的菇棚或菇房可采用多种形式,周年栽培应着重考虑杏鲍菇原基分化和生长发育对温度的要求较严格以及适应的温度范围较窄的特性。菇房或菇棚的保温和隔热性能要好。据此原则,选择地势较高、远离垃圾场所等污染源的地方建棚。就地挖土,向下挖深约 30 厘米,挖出的土用墙板打成厚厚的土墙,四面围墙长 25～30 米,宽 6～7 米,墙下部厚度 80 厘米,上部厚度 65～70 厘米,墙高 1.8 米。南北两面墙分别留通气孔,孔直径 30 厘米,孔间距 115 厘米。房顶竹竿架构,中间起脊,支柱可用水泥柱或用砖垛支撑。水泥柱高1.8 米,上端宽 6 厘米,下端宽 10 厘米,厚 5 厘米,柱内放 2根直径 6 毫米或 4 毫米的钢筋。水泥柱行距 115 厘米,间距150 厘米。水泥柱既支撑房顶,又是层架的支柱。层架横板用 3 厘米厚、10 厘米宽的 2 块自制水泥板。房顶竹竿骨架上面铺一层塑料薄膜,薄膜上面覆盖一层 5 厘米厚的泡沫板,泡沫板上铺一层塑料薄膜,塑料薄膜上面覆盖 5 厘米厚的土,或用 6～10 厘米厚的玉米秸代替泡沫板。入口最好由一间6～8平方米的小房屋作缓冲间。

3. 鸡腿菇菇棚

栽培鸡腿菇的菇棚或菇房有多种形式,旧房屋、半地下式菇棚、地沟式菇棚、山洞、人防工事等均可栽培鸡腿菇。周年栽培菇棚必须尽可能具备保温、隔热、保湿功能,且具有投资少的特点,故选择地势较高、下雨不存水和远离厕所、猪圈、垃圾场等污染源的地方。可就地向下挖 30 厘米深,挖出的土用墙板打四面围墙。围墙长 20～30 米,宽 6～7 米,南北两面墙高 1.8 米,东西两面墙中间高 2 米,南北两端高 1.8 米,墙下部厚度 80 厘米,上部厚度 65～70 厘米,南面墙和北面墙每隔 115 厘米留一通气孔,孔直径 30 厘米。房顶用竹竿搭建,中间起脊,水泥柱或砖垛支撑。支撑柱中间最高的 2 米,最低的 1.8 米,随坡度由 2 米至 1.8 米间缩短。柱间距 130 厘米。水泥柱既支撑房顶,又是层架支柱。层架设 3 层,层高 50 厘米,第一层架距地面 20 厘米,架宽 60 厘米,用 3 厘米厚、10 厘米宽的水泥板 4 块作为层架隔板。房顶竹竿上面覆盖一层塑料薄膜,薄膜上铺一层 5 厘米厚的玉米秸,玉米秸上覆盖一层薄膜,薄膜上覆盖 6～10 厘米厚的土;或竹竿上面覆盖一层塑料薄膜,薄膜上面覆盖一层 5 厘米厚的泡沫板,泡沫板上面铺一层塑料薄膜,塑料薄膜上覆盖 6～10 厘米厚的土,以增加保温或隔热性能。西北面设门,由一间 6～8 平方米的房屋作缓冲间。

(二)接 种 室

接种室用于菌种分离、转管扩繁、少量原种接种等。接种室可分大小 2 种形式。小的一般 10～15 平方米,进行组织分离、转管或少量原种接种;大的 30 平方米左右,进行数量较大的原种、栽培种或栽培袋的接种。接种室无论大小,要求地面和墙壁光洁,便于消毒。要设有缓冲间,防尘换气性能良好,门窗能封闭严实,并安有纱窗,室内安装灭菌设备,如臭氧发生器等。

(三)培 养 室

培养室用于发菌。培养室的面积不宜过大,一般 30～40 平方米,主要考虑能控温。要求培养室地面光洁,南北两面墙设窗户,通风良好。门窗封闭严实,安有纱窗,防止蚊蝇进入。室内设有若干多层培养架,以便充分利用空间。室内装有控温设备。若设施不够,资金不足,季节气温适宜食用菌发菌时,可在出菇棚内直接发菌,称为一场制。食用菌周年生产,菇棚发菌温度不适宜或菇棚没有闲置时间时,在培养室发菌,菌丝长满袋后移入菇棚出菇,称为两场制。春季菇棚出菇结束前,夏季木耳的菌袋就应提前制作培养好,如果量大,培养室容纳不下,可建简易培养室。简易培养室建在背风向阳、远离垃圾等污染源的地方,可用钢筋架构搭建成拱形,地面要光滑,以便于清洁。钢筋架上面覆盖薄膜,膜上面覆盖厚草帘,有条件的可用保温被,隔热或保温性能好,气温低时发菌用热风炉升温。简易培养室比培养室造价低,自然气温适宜时发菌,空间大,摆放多,缺点是温度高时不易降温。培养室内安装微喷管,可随时对培养室内喷药,以消毒、杀菌和灭蝇。

(四)灭 菌 室

规模较大灭菌量大时,可将锅炉与灭菌室相连接,利用锅炉产生的蒸汽通入灭菌室灭菌,这种方式属常压蒸汽灭菌。灭菌室要求水电安全方便,散热畅通,可用水泥和砖砌成方形或长方形,要安装能封闭较严实的门。利用锅炉产生的蒸汽通入灭菌室,室内温度可达100℃,根据菌袋大小灭菌时间掌握在10～12小时。灭菌室大小不一,一般根据栽培规模大小和锅炉的吨位确定。姚振庄周年栽培食用菌用的灭菌室长2.6米,宽2.3米,高1.8米,一次可完成2 500袋(每袋装干料650克)菌袋的灭菌。锅炉数量应根据栽培规模大小而定。

外界气温高时,还可将被灭菌的菌袋在水泥地叠放成堆,用双层棚膜盖好,四周压严,代替灭菌室,锅炉产生的蒸汽通过安装的钢管通入袋堆,堆内放一感应棒,通过温度表观察温度,简便易行。用完收起薄膜,不用太大投资,灭菌效果也很好。气温低的冬季用此方法时,覆盖物要加厚,如薄膜上加盖棉被,以便使堆内温度达到100℃,否则达不到灭菌效果。

(五)设备和用品

1. 手提式高压蒸汽灭菌器

手提式高压蒸汽灭菌器有内电源和外电源2种,用来制备母种斜面培养基和少量原种培养基灭菌。

2. 锅 炉

利用锅炉产生的蒸汽进行常压灭菌,1吨的锅炉一次能完成4吨料的灭菌。生产规模小时可用土蒸锅,土蒸锅大小不一,样式较多。

3. 拌 料 机

拌料机有各种型号,根据需要选择。姚振庄的拌料机是自己制作的。

4. 粉 碎 机

食用菌周年规模生产,玉米芯用量大,可由供货单位或个人粉碎玉米芯,自己可不用备粉碎机。生产量小的菇农,原料用量少,若当地买不到加工好的干料,可几户共同买 1 台粉碎机使用。

5. 接 种 箱

接种箱主要用于分离、扩繁母种接种,也可用于少量原种接种,分单人和双人 2 种。接种室若安装臭氧发生器代替药物熏蒸灭菌,母种的转管扩繁可直接在接种室进行而不用接种箱。无论生产规模大小,接种箱是必备的设备。栽培量少的菇农可几户共用 1 台接种箱,以减少投资。

6. 恒温箱和保温箱

恒温箱和保温箱用于培养母种,较大规模生产时,母种的用量较大,恒温箱是必备的设备。靠季节性生产、生产规模小、资金不足的菇农可不备恒温箱。

保温箱可自己制作,成本较低。箱的外壳和门用三合板内加一层泡沫板(起保温隔热作用),箱内用电热线缠绕在棉布上加热(类似于电热毯),加热线连接控温表。自制的保温箱能调控温度,比恒温箱容量大。

7. 冰箱和空调

冰箱用于保存母种。周年生产多种菇类需常年保藏母种,冰箱是必不可少的设备。一般生产量少的菇农可不备冰箱。在培养室安装空调,气温高时用于室内降温。

8. 灭菌周转筐

灭菌周转筐可用三角铁和钢筋焊接制成,将装好培养料的袋横卧摆放在周转筐内,移入灭菌室灭菌。

9. 多层培养架

用于原种或栽培种的培养,可充分利用空间。

10. 千斤顶小车

灭菌周转筐很重,用千斤顶小车将其架起,推入灭菌室。

11. 臭氧发生器

臭氧发生器安装在接种室、培养室内,接种时用于空气净化,室内灭菌。姚振庄的臭氧发生器是自己组装的,成本较低,灭菌效果较好。

12. 裁 袋 器

规模生产塑料袋用量很大,用裁袋器裁剪做袋效率高。姚振庄自制的裁袋器成本低廉。

另外,栽培食用菌还需要以下用具和用品:天平、接种针、接种铲、接种勺、小剪刀、大小镊子、酒精灯、小铝锅、菜板、菜刀、电炉或燃气灶、量筒、量杯、试管、95%酒精、工业酒精、脱脂棉、盐酸、氢氧化钠、pH 试纸等。

四、食用菌制种技术和菌种保藏

目前年生产干料 20～30 吨、栽培 2～3 个棚的菇农每年需向经营菌种的公司订购母种，或去较近的小菌种门市部订购原种，常出现菌种老化、出菇少或子实体不正常，甚至不出菇或不抗病，造成严重损失。食用菌周年生产且具有一定规模的种植户，为确保菌种质量，应自己制种。引入新品种时应先少量试种，观察其性状综合表现，确定效果良好后再扩大栽培规模，连续使用需通过组织分离保种。

(一)菌种类型

1. 母　种

母种又称一级菌种，是由组织分离或孢子分离经培养而获得的纯的菌丝体。母种的菌丝体较细，分解养料的能力较弱，需要在营养丰富又易吸收利用的培养基上培养。对母种的要求是纯度要高，质量要好，绝对无杂菌混杂。

2. 原　种

原种又称二级菌种，是由母种扩大繁殖而成的菌丝体。对原种的要求是纯度要高，绝对不能污染杂菌。

3. 栽培种

栽培种又称三级种，是由原种扩大繁殖而成的菌丝体，是直接用于生产播种的菌种，要求不能有杂菌污染。栽培种要在栽培前制备好，供栽培用种。

(二)母种制备

1. 培养基配方

用于制作母种培养基的配方很多,但生产上最常用的是马铃薯葡萄糖琼脂培养基(PDA 培养基)。为使菌丝生长健壮,制作培养基时可在 PDA 培养基中加少量氮素营养,即在 1 000 毫升培养基中加 3 克蛋白胨,效果更好。加蛋白胨后的 PDA 培养基配方:马铃薯(去皮,挖掉芽眼)200 克,D-葡萄糖 20 克,蛋白胨 3 克,琼脂 18～20 克,加自来水 1 000 毫升。

2. 制作方法

按配方将各材料称好备用。用量杯量好水,放入小铝锅内,置于电炉或燃气灶上,将去皮洗净称重后的马铃薯切成 1 厘米大小的方块,放入小铝锅内,用文火煮沸约 15 分钟。用 4 层纱布过滤到带刻度的大烧杯中定容(补足蒸发掉的水)。将滤液重新倒入锅内,加蛋白胨和琼脂,继续加热,文火煮沸约 10 分钟。边煮边用玻璃棒搅动,避免粘锅,待琼脂完全融化后定容。加入葡萄糖,用 5%～10%浓度的盐酸调 pH 值至 6.5,趁热分装试管,每支试管灌入管内容量的 1/4,塞上棉塞,5 支一捆,管口一端用牛皮纸包好,用塑料绳或皮筋捆好准备灭菌。

采用高压蒸汽灭菌。先向手提式高压蒸汽灭菌锅内加好水,水量略微超过支架。将试管直立放于灭菌锅桶内,不能挤得太紧。盖好锅盖,按对角线方位将 6 个旋钮均匀拧紧。加热,升压,压力表指针指到 0.05 刻度时,打开放气阀,排放冷气 5～6 分钟(压力表指针回到零),关闭放气阀,待指针再次指到 0.05 刻度时,再放冷气 1 次,时间仍为 5～6 分钟。排放冷气后继续加热,压力表指针指到 0.1 时开始记时,指针在 0.1～0.15 刻度间 25～30 分钟结束灭菌。自然冷却(不能放气),待指针降至零时,打开锅盖,趁热取出试管,按 5 支一捆,摆成斜面,冷却后备用。

3. 灭菌效果的检查

随机抽取灭菌后的斜面培养基试管,置于 28℃以上高温条件下放置 48 小时,观察斜面,未长出异物,斜面光亮即确认灭菌彻底。斜面培养基用来分离培养母种或转管扩繁母种。

4. 组织分离操作方法

一个生产上栽培认为好的品种,计划连续使用,需保存母种,但若连续多次转管,母种的生活力会减弱,须用组织分离的方法提纯复壮。分离后经出菇试验进行品种特性观察,筛选鉴定后留种,目的是保证品种原有特性不退化,保证质量。

第一,选择头潮标准的子实体作种菇,即成熟未散孢子具有本品种典型特性的子实体。

第二,在接种箱内(使用前接种箱需用硫黄熏蒸消毒)或在超净工作台上,也可在消毒灭菌后的接种室内进行。点燃酒精灯,用不锈钢剪刀剪去子实体菌柄基部,用 75% 酒精棉球对子实体表面擦拭消毒。

第三,用 75% 酒精棉球擦净双手和剪刀、镊子,再将剪刀、镊子在酒精灯火焰上烧灼灭菌。

第四,将子实体用手一掰两半,用灭过菌的剪刀在掰开的子实体菌柄与柄盖交界处取红豆大的小方块,用灭过菌的镊子夹取,放入试管培养基斜面中部,塞上棉塞(在酒精灯火焰旁操作),置于 23℃～25℃ 条件下培养、观察。筛选菌丝生长正常健壮的试管进一步做出菇试验,观察性状表现,留种,最好每 1～2 年分离 1 次。

木耳组织分离不好操作,故采用耳基分离法。用灭菌过的接种工具在无菌条件下取未出袋的耳基,置于 PDA 培养基上,在 24℃～26℃条件下培养,观察表现,经筛选和出耳鉴定,确定为母种。

5. 母种的转管

栽培前母种需进行扩繁,或培养基养分耗尽前需转管,待翌年再用时一般需转管 2～3 次。转管扩繁方法简便,在无菌的接种箱内或接种室内进行。坐在工作台前,点燃酒精灯,在酒精灯火焰上方,用灭过菌的接种针(在酒精灯火焰上烧红冷却)取绿豆大一小块迅速放入斜面培养基上,菌丝面朝上,塞上棉塞,贴好标签,置于 23℃～25℃条件下培养。随时观察菌丝生长情况,发现有污染及时剔除,一般 7～10 天菌丝即可长满管。1 支母种可扩繁 10 多支。

(三)原种和栽培种的制备

1. 原料选择及配制

用于制作原种和栽培种的原料十分广泛,棉籽壳、木屑、玉米芯、甘蔗渣等都可作原种和栽培种培养基的主料,加上一些氮源,如麸皮、玉米粉、米糠、菜籽饼、尿素等。若制少量原种,可用麦粒、玉米粒、高粱粒等。

2. 常用配方及制作方法

(1)棉籽壳培养基　棉籽壳内棉仁渣含量较多时可加少量氮素营养。

配方一　棉籽壳 88%,麸皮或米糠 10%,石膏粉 1%,石灰粉 1%。干料与水比例为 1:1.2～1.3。

配方二　棉籽壳 82%,麸皮或米糠 15%,石膏粉 2%,石灰粉1％。干料的水比例为1：1.2～1.3。

　　配方三　棉籽壳78％，麸皮或米糠20％，石膏粉1％，石灰粉1％。干料与水的比例为1：1.2～1.3。

　　(2)棉籽壳、木屑培养基　棉籽壳内棉仁渣含量较多时可加少量氮素营养。

　　配方一　棉籽壳60％，阔叶木屑18％，麸皮或米糠20％，石膏粉1％，石灰粉1％。干料与水的比例为1：1.2～1.3。

　　配方二　棉籽壳40％，阔叶木屑38％，麸皮或米糠20％，石膏粉1％，石灰粉1％。干料与水的比例为1：1.2～1.3。

　　(3)棉籽壳、甘蔗渣培养基

　　①配方　棉籽壳40％，甘蔗渣35％，麸皮或米糠20％，玉米粉3％，石膏粉1％，石灰粉1％。干料与水的比例为1：1.2～1.3。

　　②制作方法　按配方称好料，加水拌匀即可装瓶或装袋灭菌。

　　(4)谷粒培养基　用来制备少量原种。选用新鲜不发霉的小麦粒、玉米粒或高粱粒，用清水洗净，浸泡，使之吸足水分，沥干，装瓶灭菌(装至瓶肩)。灭菌时间比用棉籽壳或玉米芯作原料适当缩短。

　　(5)棉籽壳、玉米芯培养基

　　①配方　棉籽壳40％，玉米芯38％，麸皮20％，石膏粉1％，石灰粉1％。干料与水的比例为1：1.2～1.3。还可用棉籽壳45％，玉米芯33％，麸皮15％，玉米粉5％，石膏粉1％，石灰粉1％配制。干料与水的比例为1：1.2～1.3。

　　②制作方法　玉米芯用前粉碎成黄豆大小的颗粒，按配方

将料称好,加自来水拌匀,堆制发酵5～7天后装袋或装瓶灭菌,高压蒸汽灭菌2～2.5小时,常压蒸汽灭菌10小时。

上述培养料用时要求新鲜不发霉,木屑要求陈旧不发霉。

发酵具体操作方法:选择地势较高、下雨不存水的向阳处,用砖块将自制的竹筏架起约50厘米高,间隔1米左右直立插一草把,草把用薄膜包裹,将拌好的料置于竹筏上,覆上薄膜,草把露出,目的是通气。料堆底有竹筏缝隙,再由多个草把上下通气,料堆温度适宜,微生物活动加快,料温很快上升。建堆第二天翻堆1次,第三天翻1次。气温高的季节发酵4天,翻堆2次,气温低的冬季发酵6～7天,翻堆3～4次。冬季气温低,培养料中木屑多时,发酵时间适当延长。培养料均匀发酵温度以55℃～60℃ 24小时为宜。发酵目的一是高温杀菌,二是腐熟便于菌丝分解。

3. 原种、栽培种培养基分装与灭菌

(1)原种培养的分装 原种培养基按配方将料称好加水拌匀后,即装入750毫升的大罐头瓶。边装边压实,松紧适度,装至瓶肩。然后用一尖木棒从上至下插一个洞,用事先裁好的牛皮纸或双层废报纸盖上瓶口,纸上再覆一层低密度聚乙烯塑料薄膜,用塑料绳系好,准备灭菌。

若制少量原种,可用小麦粒、高粱粒等作培养基,将不发霉的麦粒用清水洗净、沥干后装瓶,装至瓶肩,封好瓶口准备灭菌。

(2)栽培种培养基的分装 栽培种培养基同样是按配方将料称好,装入栽培种袋,栽培种袋采用17厘米宽的高密度聚乙烯塑料筒,用前截成33～35厘米长,将一端用塑料绳扎好,装袋时边装边压实。装满后扎好袋口,准备灭菌。

(3)灭菌 装好的原种瓶或栽培种袋必须当天灭菌。将瓶或袋放入灭菌周转筐架内,推入灭菌室,封好门,烧锅炉通入蒸汽,室内保持 100℃ 灭菌 10 小时。灭菌后温度降至 70℃～80℃打开灭菌室门,将瓶或袋移至接种室,料温降至 30℃ 以下时接种。

4. 接种室消毒与灭菌

接种室接种前,将地面清扫干净,用喷雾器对地面、墙壁、空间喷 40% 克霉灵可湿性粉剂 100 倍液进行消毒,灭过菌的菌瓶或菌袋移至接种室后摆放好,接种用的小方桌等用品摆放好,关好门窗,打开室内安装的臭氧发生器的开关进行消毒,半小时后关掉开关,再等半小时后接种人员便可进入室内进行操作接种。

5. 臭氧的灭菌原理和效果

臭氧是广谱、高效杀菌剂,具有极强的氧化性,对细菌、霉菌、病毒有强烈的杀灭效果。在一定浓度下,可迅速杀灭空气和水中的细菌,灭菌速度是氯的 2 倍以上。臭氧极不稳定,常温下约 30 分钟还原成氧气,在空气中的还原半衰期很短(约 30 分钟),杀灭细菌后,很快还原成氧,因而无任何残留,对人体无害。空气消毒时,随臭氧发生器自身装置的吹风机将所放臭氧吹至各个角落,弥散性好。与其他常规消毒剂相比,臭氧灭菌经济实惠,使用方便,灭菌效果好,无毒害作用。

6. 原种接种

接种室消毒灭菌后,接种人员穿上干净的工作服,洗净双手,进入接种室。坐在操作台前,点燃酒精灯,用 75% 酒精棉球对双手和接种工具擦拭消毒,将接种钩、接种铲在酒精灯火焰上烧红晾凉灭菌。打开母种试管棉塞,在酒精灯火焰上方,用接种钩和接种铲将母种斜面切成 3～5 小块,用接种铲轻轻铲出一块,迅速放入原种瓶培养基表面,菌丝面朝上,每瓶接入1块，一般2～3人操作，1人用接种铲铲菌种，另2个人分别将原种瓶的封盖纸从侧面掀开个缝，迅速放入母种后封好盖口，重新系好，放到一旁，接完后移至培养室培养。

7.栽培种接种

原种培养25～30天菌丝长满瓶后，即制备栽培种培养基，按前述方法制备。接种在接种室进行，灭菌方法同原种。接种人员洗净双手，在接种台前用75％酒精棉球擦拭双手消毒，对接种工具镊子和接种勺消毒后在酒精灯火焰上烧灼灭菌。打开原种瓶的封口纸和被接种的栽培种培养基袋，用镊子夹取枣大的原种1～2块放入袋内，系好袋口。操作时4～5人合作，1人供种，3或4人解袋、系袋。用此方法打开袋的另一端，接入菌种，系好袋口，放于一旁，而后移至培养室培养。

8.原种和栽培种培养

原种接种后，移入培养室（培养室使用前用40％克霉灵可湿性粉剂100倍液喷雾消毒），为充分利用空间，应放在多层培养架上。栽培种接种后，因是两头接种，菌袋横卧摆放。若就地叠放，码成排，每排可摆放5～6层，排与排间留50厘米过道，以便于管理和检查。培养室空气相对湿度自然，注意经常通风，保持空气新鲜，尽量保持温度为23℃～25℃。

（四）菌种保藏

菌种通常以母种形式保藏，保藏方法很多，最常用的方法是在低温冰箱冷藏室保存。保存时试管斜面易失水变干，冰箱冷藏3℃～4℃，菌丝未完全停止生长，可用无菌的橡胶塞代替棉塞，既能延迟斜面干燥，又可防止棉塞受潮被杂菌感染,效果很好。橡胶塞用时洗净晾干,用 75％酒精浸泡 1 小时后捞出,用无菌纱布吸去酒精,然后在酒精灯火焰上烤去残留酒精,在无菌条件下将棉塞拔掉,换上橡胶塞。若用棉塞盖管口,为防止管口受潮被杂菌污染,需 5 支一捆,将管口用牛皮纸或硫酸纸包好。

五、食用菌周年生产新技术

在设施农业中,食用菌人工栽培技术性相对较强。首先选择优良品种,配以合适的栽培管理措施,以子实体长得多而且正常为标准。保证制备出健壮的优质菌种后,各时期的栽培管理措施非常关键。必须充分了解所栽培品种的生物学特性,才能为其创造适宜的条件,各时期的每一个环节都不可轻视,只有做到科学管理,才能达到理想效果。

(一)黑平菇或白平菇—白背毛木耳周年生产新技术

1. 平菇的经济效益和发展前景

平菇是商业上广泛栽培的几个生物学上的种的俗称,主要指糙皮侧耳和佛州侧耳2个种,前者俗称灰平菇(或黑平菇),后者俗称白平菇。

平菇就其营养价值而言,和其他名贵菌类一样,除味道上的差别外,具有菌类共同的特点,即高蛋白、低脂肪,富含氨基酸和维生素及矿质元素,是保健食品,且口感也好。不仅是普通百姓最常吃的一道菜,也是大的饭店、宾馆做麻辣汤的常用原料。

平菇栽培之所以在我国近年来迅速发展,一跃成为世界第一大生产国,除了其具有很高的营养价值外,还具有栽培原料广泛、适应性强、栽培方法相对简便粗放、栽培技术易掌握的优点,且周期短,生物效率高,低投入,高产出,容易被生产者接受。市场调查表明，近年来，在华北、华中以及西北地区，平菇在市场上的消费量占食用菌上市量的80%左右，均以鲜销为主，不需深加工增加设备投入，适于一家一户的生产形式。随着农业产业化的发展，市场需求量不断增加，运输成本提高等一系列问题的出现，一家一户的生产形式很难适应新形势的要求，因此逐渐向具有一定规模的以专业户为主体、以自然村为产业小区的生产形式过渡。

2. 平菇栽培需要的条件

（1）营养条件 平菇属木腐菌，自然状态下生长在枯枝落叶朽木上，主要靠分解吸收碳素营养。人工栽培条件下，其栽培原料极其广泛，主要是农业下脚料，如棉籽壳、玉米芯、阔叶木屑、甘蔗渣、酒糟、花生壳、葵花盘等，均可作为平菇主要碳素营养原料。此外，维持正常的生命代谢活动需要较多的是氮素营养，又称氮源，使用较多的是麸皮、米糠、玉米粉、菜籽饼、二铵、尿素等。营养生长阶段，合适的碳氮比（碳素营养和氮素营养的比例）为20～25：1，生殖生长阶段，合适的碳氮比为30～40：1。在制种阶段，需将菌种培育健壮，适当多加一些氮素营养物质，一般加15%～20%的麸皮或米糠等。装栽培袋拌料时，氮素营养过多，不仅成本高还会导致菌丝徒长，延迟出菇。故栽培时，若以棉籽壳为主料，要视棉籽壳中的棉籽仁渣含量多少灵活掌握，一般加麸皮10%，有时棉籽壳中的棉籽仁渣较多，可少加或不加氮素营养。

（2）环境条件

①温度 不同生长发育阶段平菇对温度的要求不同，相同阶段不同品种间对温度的要求也不同。选择品种和栽培管理采取措施时，应尽可能为其提供较适宜的温度条件，使其正常生长，菌丝健壮。

平菇菌丝在 4℃～33℃范围均能生长,适宜温度23℃～25℃,高于 36℃菌丝发黄、老化。在适宜温度条件下,菌丝生长速度快,生长健壮。菌丝能耐低温,在 0℃条件下不会冻死;但不耐高温,环境温度持续 1 小时高于 40℃,死亡率超过90%。因此,无论是制种还是栽培,培养菌丝都要控制好温度,防止因温度过高而"烫死"菌丝。

子实体原基分化对温度的要求品种间差异很大。根据平菇子实体原基分化对温度的反应不同,生产上将其划分为几种温型,即高温型、中温型和低温型。生产上可根据当地气候条件、栽培季节选择合适的品种。

低温型:子实体原基分化的温度范围 5℃～15℃,适宜温度 12℃～15℃。

中温型:子实体原基分化的温度范围 8℃～25℃,适宜温度16℃～22℃。4℃～6℃时,菌盖生长非常缓慢,菌盖小、菌柄长、粗大成畸形,温度升高后能正常生长。

高温型:子实体原基形成温度 20℃以上,适宜温度20℃～30℃,表现为菌株间差异很大。

广温型:子实体原基形成对温度不敏感,温度范围7℃～33℃,适宜温度 15℃～25℃。高温条件下,子实体菌盖近白色,低温下灰褐色,温度越低颜色越深。

②水分与湿度 水分是指人工栽培时栽培料的含水量。合适的栽培料含水量为 60%～65%。含水量低于55%,菌丝生长细弱乃至不长;含水量高于 75%,菌丝不长,甚至腐烂。平菇菌丝生长阶段适宜的空气相对湿度 60%～70%,湿度过高,易污染。子实体生长发育阶段适宜的空气相对湿度80%～90%。

③氧气和二氧化碳 平菇是好气性菌类,菌丝生长阶段

对氧气的需求量比子实体生长发育阶段相对较少。塑料袋生料栽培发菌阶段不仅要注意经常通风,接种后发菌时的菌袋还需打孔透气,以保障对氧气的需求。子实体生长发育阶段,菇棚在保证空气相对湿度的情况下,应多通风,给予充足的氧气。平菇不同品种间对二氧化碳的敏感程度不同,有些品种通风稍差即表现出子实体菌柄粗、长,生长畸形,影响商品质量。栽培时,应充分了解品种特性,管理措施才能得当。

④光照 和其他食用菌一样,平菇菌丝生长阶段不需要光,强光对菌丝生长有抑制作用。子实体分化和生长发育需一定的散射光。品种间对光的敏感程度同样存在差异。

⑤酸碱度 平菇 pH 值在 3~8 间均能生长,适宜的 pH 值为 6~6.5。生料栽培时,培养料的 pH 值可调至 8 以上,一方面抑制杂菌生长,另一方面,菌丝定植生长代谢产生的有机酸会使培养基的 pH 值降低。

3. 黑平菇栽培技术

黑平菇是近年来生产上的主要栽培品种,代替了原来的灰平菇。下面介绍与白背毛木耳搭配周年生产的黑平菇的栽培方式和科学管理技术。

(1)品种选择 华北地区 1 月份气温最低时棚室内不生火冬季仍能正常出菇,故选择低温或广温型品种。黑平菇主要鲜销进入北京、石家庄、保定等大、中城市菜市场,这些市场消费者喜欢子实体大小中等偏小的。在确定品种温型和子实体大小的前提下,要考虑选择生物效率较高、抗杂菌能力强、不易感病的品种,故可选用 2026、615、世纪三等品种。

(2)季节确定 根据品种的生物学特性,生育期长短,气候条件,市场价格变化规律,预测何时出菇市场价格高,效益较理想,同时考虑周年栽培和白背毛木耳茬口衔接等因素。

可 9 月初扩繁母种,7 天左右母种制备好;9 月中下旬制原种,20～25 天长满瓶;10 月上旬制栽培种,约 1 个月长满;11 月初制栽培袋,12 月上中旬出菇,至翌年春节前能出 2 潮,3 月底结束。出菇期为 12 月至翌年 3 月底,约 4 个月时间。

(3)制备菌种 母种培养基用 PDA 培养基。原种和栽培种原料用棉籽壳为主料,或棉籽壳和玉米芯各半,配方及制作方法见前述制种技术。

(4)栽培技术

①栽培方式 生料袋栽。

②栽培袋的规格 生产上栽培袋的大小没有统一的规格,目前菇农大都采用宽 25 厘米、长 60 厘米、厚 0.04 毫米的聚乙烯塑料袋,每袋约装干料 1 250 克。采用大袋栽培一般接种时间较早。秋季栽培,因装袋栽培时间较晚,到翌年 5 月份袋内养分消耗不完。姚振庄选用 19 厘米宽的聚乙烯塑料筒截成 40 厘米长,装干料 600～650 克,出 3 潮菇后,袋内养分基本消耗完,清理废袋出棚,木耳菌袋入棚上架。

③裁袋技术 栽培规模不大的菇农,一般装袋前将塑料袋用剪刀裁好,用塑料绳将一端扎紧备用。栽培规模大,可采用自制裁袋器,操作简便,省时省工省力。自制裁袋器,像纺线的小纺车,轮子转动一圈的周长可调,调至需要的 2 个袋的长度,固定好。2 人操作,一人用一只手转动轮子,另一只手拢好塑料筒,塑料筒绕到轮子上 50 圈,另一个人在事先准备好的小蜂窝煤炉上烧红 8 号铅丝,将缠绕在裁袋器上的塑料筒烫断,袋的一端便封好,再在另一端用裁纸刀裁断,一次成形 100 个袋。用手工裁袋 3～5 天的工作,用自制裁袋器只需 3～4 小时便可完成。且一端已封好口,不用系绳。

④栽料的选择与配制 栽培黑平菇的培养料广泛,棉

籽壳、玉米芯、木屑、甘蔗渣等均可作为碳源。其中棉籽壳作培养料栽培黑平菇生物效率最高,但棉籽壳价格较高。其次是玉米芯,玉米芯价格较便宜,产量次之。木屑产量最低。利用有限的设施,计算投入产出比,应选择棉籽壳,或棉籽壳中加一些玉米芯混合使用。辅料用麸皮,或加一些玉米粉、二铵。棉籽壳作主料,若棉籽壳中棉仁渣较多,可只用棉籽壳不再加麸皮等氮源。可选择如下配方。

配方一:棉籽壳 96%,过磷酸钙 1%,生石灰粉 3%。

配方二:棉籽壳 56%,玉米芯 40%,过磷酸钙 1%,生石灰粉 3%。

配方三:棉籽壳 95%,二铵 0.5%,过磷酸钙 1.5%,生石灰粉 3%。

上述配方配制前将新鲜不发霉的玉米芯粉碎成红豆粒大小的颗粒,依照配方称好料,干料与水按 1:1.2~1.3 的比例拌匀,堆料发酵 6~7 天,保证料温达到 60℃保持 24 小时后使用。生产上用玉米芯作栽培料发酵的比不发酵的早出菇 15 天左右。

⑤装袋接种　黑平菇抗杂菌能力较强,配料时 pH 值偏高,可抑制杂菌生长,加之装袋发菌季节气温低等因素,生料栽培不易污染。用种量 8%~10%。人工装袋,边装袋边接入菌种,一层菌种一层料,边装边压实,袋两头装菌种。装满袋用塑料绳系好袋口后,用自制的透气打孔器将袋的两头各拍打一下,即袋的两端各 10 个小孔,以便使空气通入袋内,解决发菌时氧气不足的问题。此方法操作简便,效率又高,是由姚振庄研制的。打孔器用木板制成,形状似乒乓球拍,板面圆周比菌袋圆周略小,围板面近边缘处均匀钉上 10 个寸钉,拍一下,10 个小孔即打出。

⑥发菌管理　接种后的菌袋移至培养室或简易培养室培养,也可在简易培养室装袋,接种后不再搬运,直接堆叠摆放。培养室和简易培养室培养前必需清扫干净,用喷雾器对空间、墙壁、地面喷 40% 克霉灵可湿性粉剂 100 倍液消毒,每立方米用硫黄 10～15 克密闭点燃熏蒸 24 小时后再使用。

发菌时菌袋每排摆放层数因季节温度不同灵活掌握。10月份前,气温较高,摆 4～5 层;10 月份后至翌年春节温度低,摆放 5～6 层。菌袋发菌时,室内墙壁或柱子上挂一温度计,袋层中间插一温度计,随时观察室内或棚内及菌袋温度变化,气温高时夜间通风降温,气温低时中午通风。11 月份装袋气温较低,一般装袋后 1 周左右倒堆 1 次,空气湿度自然。注意随时检查,剔除污染菌袋。

⑦适时开袋　菌袋长满菌丝后,入棚上架准备出菇。在培养室发菌,入棚前每立方米空间需用硫黄 10～15 克点燃熏蒸消毒。上架摆放每排 14～16 层,排与排之间留 70 厘米过道。上架后,管理措施主要是控温结合通风。待菌袋两端显原基后,结合市场价格决定开袋时间,若市场价格偏低,适当推迟开袋时间。

⑧出菇管理　开袋后,用橡胶或塑料水管向地面灌 1 次水,菇棚墙壁用喷雾器喷湿,提高棚内空气相对湿度。长成小菇蕾时,用喷雾器喷水,每天 1 次,子实体长大后,结合通风每天喷水 2 次。棚室冬季晴天上午 8 时后将草帘卷起,阳光照射升温,中午通风。刮风天,只在正午开南面通风口。整个冬季均靠自然调控温度,棚内不生火。华北中部地区 1 月份气温最低时间很短,不生火菌棒不会被冻坏。若适逢市场蔬菜淡季菇品价格高,想增温多出菇,可临时用火炉加温。头潮菇菌袋内水分养分充足,冬季温度较低,子实体生长较慢,但菌

肉厚,管理措施以增温保湿结合适当通风为主。

⑨适时采菇　当子实体菌盖趋于平展、边缘内卷、未散孢子前采菇。采菇时用手握住菇柄,轻轻旋转扭下,注意不能硬掰,不能用力过猛,以防损伤培养基而造成污染。第一潮菇采完后,及时用小刀清理掉小的死菇、烂菇出棚外销毁,以防引起料面污染,切忌将烂菇随便倒在棚外附近。

采菇后 3～5 天内,不急于喷水,要进行养菌。待菌棒采菇后用小刀清理小菇的划伤处长出洁白的新菌丝时开始喷水。喷水不要直接对着菌袋,应向空中喷雾,地面浇湿,保持棚内较高的空气相对湿度(80%～90%)。一般头 2 潮菇都是在较冷的气温时出菇,管理上主要措施都是围绕如何增温保温并结合通风保湿。因冬季天冷,夜间不通风,中午通风。晴天太阳升起后,将草帘卷起升温,下午太阳落山前将草帘放下保温。喷水在上午 9～10 时进行。

⑩春季管理　出 2 潮菇后,菌袋内水分丧失较多,养分缺乏,应及时补充。简便的补水方法是向袋内纵向插入补水器,利用压力泵将自来水或井水加压强制把水注入袋内。此法操作简便,工作量小。若是抹成单排或双排菌墙,比注水费工,但生物效率比注水显著提高。抹菌墙的方法适用于那些栽培规模小,且不是周年栽培的菇农。一般出 1 潮菇后,即抹成菌墙。具体方法是将菌袋用剪刀剪开剥掉,在菇棚内每摆放一层(两排间留 10 厘米左右空隙),抹一层 2～3 厘米厚的泥。共抹8～10 层,菌墙两侧露出菌袋,避免出菇时沾泥。顶层抹成两排间一个纵向沟槽,向槽内轻浇水使泥保持湿润,也可中间环割菌袋 2/3 剥掉。抹墙时每隔一段用水泥柱或其他支撑物支挡,以防倒塌。袋内通过泥渗透水分,保湿性能好,土壤中有些物质同时被菌丝吸收,菇期延长,养分得到充分利用,

生物效率明显提高。缺点是抹墙工作量大,费时费力,又因茬口衔接不适于周年生产。至翌年 5 月出 3 潮菇后袋内已无多少水分和养分,清棚。此时木耳菌袋入棚上架,准备出耳。

4. 白平菇栽培技术

白平菇属佛州侧耳。色泽乳白,艳丽,子实体大小中等,椭圆形,菌柄短,菌肉厚,菇形美观,韧性好,便于运输。白平菇抗杂菌能力比灰平菇和黑平菇差,需熟料栽培。生物效率比黑平菇和灰平菇低,用棉籽壳为主料栽培,生物效率一般70%左右。由于栽培工艺相对较黑平菇复杂,生物效率又较低,菇农一般不选择它,因此货源少。在北京等大、中城市的一般菜市场很少见到白平菇,一般进入大、中城市超市,并以其艳丽的色泽和菇形很受消费者欢迎。产量虽低一些,但价格较高,同样可收到良好的经济效益。

(1)品种选择 选择适宜秋、冬、春三季栽培的中低温型品种。

(2)栽培季节 华北中部地区,8 月初扩繁母种试管(用PDA 培养基),8 月中旬制原种,经 25~30 天,约 9 月上中旬长满。接着制栽培种,经 30 天左右,10 月上中旬长满,长满后即制栽培袋。原种和栽培种所用原料、配方及制作方法同黑平菇。

(3)制备菌种 母种培养基用 PDA 培养基,原种和栽培种的培养基原料用棉籽壳和玉米芯。母种、原种及栽培种配方及制作方法见前述制种技术。

(4)栽培技术

①栽培方式 塑料袋层架式栽培,可充分利用菇棚空间。

②袋的规格 选用 18 厘米宽、0.04 毫米厚的高密度聚乙烯塑料筒,使用前用自制裁袋器裁成 38 厘米长,可装干料

600～650 克。栽袋方法见黑平菇栽培,不同之处在于白平菇熟料栽培,袋的两端接种,栽袋时两端均敞口,不必烫封一端,装袋前用塑料绳先将一端系好。

③培养料选择及配制 栽培白平菇的培养料广泛,棉籽壳、玉米芯、甘蔗渣等都可以作为栽培白平菇的主料,但最好的仍是棉籽壳,生物效率最高。麸皮、玉米粉、菜籽饼、尿素等是很好的氮素营养,栽培料的配方自己可根据碳氮比原则组配。以下几个常用配方可参考使用。

配方一:棉籽壳 87%,麸皮 10%,过磷酸钙 1%,生石灰粉 2%。

配方二:棉籽壳 87%,麸皮 10%,过磷酸钙 1%,生石灰粉 2%。

配方三:棉籽壳 62%,玉米芯 20%,麸皮 15%,过磷酸钙 1%,生石灰粉 2%。

配方四:棉籽壳 82%,麸皮 10%,玉米粉 5%,过磷酸钙 1%,生石灰粉 2%。

上述配方配制方法:棉籽壳为主料的配方,将干净不发霉的棉籽壳按配方比例称好各种料,料与水的比例按 1∶1.2～1.3 配制,生石灰粉用拌料的自来水或井水充分稀释逐次加入,以防不匀。人工或拌料机拌料即可装袋。棉籽壳和玉米芯混合使用为主料的配方,先将玉米芯加水拌匀,堆料发酵 5～7 天腐熟(料温均匀发酵 60℃保持 24 小时),再将其他原料加水拌好后与其混合在一起拌匀装袋。

④装袋、灭菌、接种 采用手工装袋,熟练工装袋平均每人每天可装 1 000 多袋。采用常压蒸汽灭菌,将装好的料袋一层层摆放至灭菌周转筐架内,用千斤顶小车推入灭菌室,封好门,点燃锅炉,产生的蒸汽通过管道进入灭菌室,保持

100℃ 10 小时。自然降温至 70℃～80℃后打开门,推出灭菌周转筐架,将灭菌后的菌袋运至接种室。接种室在接种前用 40％克霉灵可湿性粉剂 100 倍液喷雾灭菌。菌袋温度降至 30℃以下时便可接种。接种前,将栽培种菌袋、接种勺、塑料盆等接种用具预先放入接种室,打开臭氧发生器的开关,开半小时,关掉开关,再过半小时后接种人员便可进入接种室接种。

接种人员穿上干净的工作服,洗净双手,进入接种室。带上消毒的塑料手套,用自来水洗净塑料盆后,用 75％酒精棉将盆均匀擦拭消毒,再在操作台上点燃酒精灯,在酒精灯火焰上烧灼不锈钢剪刀灭菌,用灭菌后的剪刀纵向剪开栽培种袋皮,将袋皮剥掉,用手将菌种掰成枣大小的块置于消过毒的盆中备用。采用 4～5 人一组合作接种,接种人员围坐于小地桌旁,3～4 人打开菌袋,1 人用在酒精灯上烧灼灭过菌的不锈钢勺供种,取一勺菌种,倒入打开的菌袋口内,1 人供 3～4 人,每人系好自己手上的菌袋口。将菌袋倒过来,用同样的方法将另一端接入菌种,接完后放在一旁,接过种的菌袋及时移入培养室培养。

⑤发菌期管理 接种后的菌袋移入培养室之前,先将培养室地面清扫干净,关闭门窗,然后每立方米空间用硫黄10～15 克点燃熏蒸 24 小时灭菌。熏蒸后打开门窗,放出烟雾。菌袋移入培养室,摆放成排,每排摆放 5～6 层,若在简易发菌室气温较高不易控制,则摆 4～5 层。因是熟料栽培,培养期间不像生料易产生大量热,但菌袋量大,菌丝生长放出热量,室温自然也会上升,管理时主要注意勤通风,气温高时夜间通风,低时白天中午通风,空气相对湿度 60％～70％。白平菇抗杂菌能力较差,培养期间,气温还较高,用喷雾器对室内空

气和菌袋喷 40%克霉灵可湿性粉剂 100 倍液 1～2 次消毒。培养室内墙壁挂一温度计，每天观察室内温度。菌袋中间缝隙插温度计，观察袋温，尽可能控制袋温 25℃左右。1 周后翻堆 1 次，管理重点主要是调节好温度和通风，保证室内空气新鲜，有充足的氧气。

⑥定位出菇　当菌袋内菌丝长至袋的一半时，用电烙铁加热将菌袋两端袋口旁各烙 1 个洞，目的是使新鲜空气进入袋内，加快菌丝生长，促进出菇。

现蕾后，"报信菇"出现，即有少量菌袋开始显原基时，移入菇棚上架出菇。若是旧菇棚，入棚前需密闭熏蒸消毒，每立方米空间用硫黄 10～15 克点燃熏蒸 24 小时后，放出烟雾，菌袋入棚上架。菌袋入棚后横卧单排摆放，每排摆放 16 层，排与排间留 70 厘米走道，便于操作管理。上架后对菌袋和空间喷洒 40%克霉灵可湿性粉剂 100 倍液消毒 1 遍。棚内地面用胶皮管接通自来水浇 1 遍水，提高棚内空气相对湿度达90%～95%，保持较高的空气相对湿度。每天通风 1 次，每次通风半小时，高湿和新鲜空气刺激（此时主要是控湿），促使菌丝由洞口出菇。

⑦出菇管理　小菇蕾长出后用喷雾器或棚内微喷管向空间喷雾保湿，每天喷 1 次。菇蕾长至红豆粒大小时，除向空间喷水外，也可直接向菇蕾喷水，喷水时打开菇棚通风口通风。待子实体长大后，增加喷水次数，每日 2 次（此时气温较低），上午 10 时左右喷 1 次，下午 2 时喷 1 次，使菇棚保持 90%以上的空气相对湿度。湿度不够，子实体菌盖中间会发黄，影响商品价值。每次喷水结合通风。通风应视天气情况而定，刮北风时，可只开南面通风口，要随出菇季节气温变化灵活掌握。

⑧适时采菇　子实体自身的成熟度结合市场需求和价格变化综合考虑确定采摘时间,若采摘时市场价格较高,或需要较嫩些的,可适当提早采摘。白平菇达不到自身的成熟标准,菌袋养分耗不完会继续出菇,不会因采摘时子实体个小、单潮菇产量低而影响总的经济效益。

⑨出菇后期管理　采收 2 潮菇后,袋内水分养分消耗很多,为使其继续出菇,尽可能提高生物效率,增加经济效益,应及时采取措施。白平菇没有黑平菇抗杂菌能力强;容易污染,不能像黑平菇那样采用后期注水或抹菌墙的方法补水,可剥袋后直立摆放埋于地下,覆 3 厘米左右厚的土,然后浇 1 遍水。

5. 白背毛木耳栽培技术

毛木耳属木耳科,木耳属,是黑木耳的近缘种。别名很多,如:粗木耳、沙木耳、土木耳、猪耳、白背木耳、黄背木耳等。

野生状态下,丛生于杨、柳、洋槐等枯木上,分布很广。在我国河北、山西、内蒙古、黑龙江、吉林、江苏、安徽、浙江、江西、四川、福建、广东、云南、陕西、甘肃、湖北、湖南、山东、贵州、西藏、台湾、海南等省、自治区均有分布。是我国台湾、福建、广东、广西、四川、山东等省、自治区木耳类的主栽品种。四川以生产黄背木耳为主,生产规模很大。

毛木耳适应性广,抗病抗逆性强,耐高温,出耳快,产量高,生物效率可达 150%～200%,无论山区或平原,段木或代料均可栽培。产品既可鲜销上市,又可晒成干品,产品远销东南亚、日本、美国及欧洲,是较理想的周年生产搭配品种。

毛木耳质地柔嫩,营养丰富。据分析,每 100 克毛木耳干品含粗蛋白质 7～9.1 克,粗脂肪 0.6～1.2 克,碳水化合物 64.06～69.2 克,粗纤维 9.7～14.3 克,灰分 2.1～4.2 克,含有多种氨基酸,其中人体必需的8种氨基酸齐全,且含有较高的维生素和矿质元素。此外,含有丰富的木耳多糖,还含有一些抗癌物质,是很好的保健食品。

(1)白背毛木耳需要的环境条件

①温度　白背毛木耳属中温偏高型菌类,对温度的要求比黑木耳高。菌丝生长温度范围8℃～37℃,适宜温度25℃～28℃,20℃以下生长缓慢,超过37℃生长受抑制。子实体分化和发育的温度范围18℃～34℃,适宜温度20℃～25℃。

②水分与湿度　代料栽培合适的培养料含水量60%～65%,菌丝生长阶段适宜的空气相对湿度60%～70%,子实体生长发育阶段适宜的空气相对湿度85%～90%。

③氧气和二氧化碳　白背毛木耳是好气性菌类,对二氧化碳敏感,尤其是子实体生长期,要给予充足的氧气。若二氧化碳浓度过高,氧气不足,子实体生长受抑制而只长耳基,难以形成耳片,尤其高温高湿条件下,通风不良,会形成流耳。

④光照　和其他菌类一样,毛木耳菌丝生长不需要光(培养原种和栽培种时若光照太强,会刺激原基形成,使菌种老化),子实体形成和生长发育需大量的散射光和少量直射光。光照较弱时耳片黑度不够,但绒毛面白度好;光照过强,耳片光面黑度好,毛面呈红棕色。商品耳片色泽要求光面黑亮、毛面洁白,适宜的光照强度为400～500勒。

⑤酸碱度　白背毛木耳属木腐菌,pH值4～7时均能生长,菌丝适宜pH值为5～6.5。

(2)白背毛木耳需要的营养条件

①碳源　农作物的下脚料,如棉籽壳、阔叶木屑、玉米芯、甘蔗渣等均可作为栽培白背毛木耳很好的碳素营养。

②氮源　麸皮、玉米粉、菜籽饼、米糠等农副产品和尿素、二铵都是栽培白背毛木耳很好的氮素营养。

（3）栽培技术

①品种选择　选择生长快、抗杂菌能力强的菌种，如A781、台耳120、台43-2等都是生产上较好的品种。

②栽培季节　华北中部平原地区，可与平菇等适宜秋、冬、春三季出菇的菇类搭配进行周年生产。1月中旬扩繁母种（母种培养基用PDA培养基），母种菌丝长满试管后，于2月初制原种，3月初制栽培种，4月上旬制栽培袋，5月上中旬入棚上架出耳。

③制备原种和栽培种　原种和栽培种培养基主料选用棉籽壳、阔叶木屑、玉米芯，辅料选用麸皮、玉米粉、菜籽饼等。配制培养基时可用棉籽壳为主料，或棉籽壳和玉米芯混合使用作主料，或棉籽壳和阔叶木屑混合使用作主料，也可用棉籽壳、玉米芯和阔叶木屑混合使用作主料。下面介绍原种和栽培种培养基常用配方及配制方法。

配方一：棉籽壳74％，阔叶木屑10％，麸皮15％，石膏粉1％。

配方二：棉籽壳69％，玉米芯10％，麸皮20％，石膏粉1％。

配方三：棉籽壳60％，阔叶木屑20％，麸皮15％，玉米粉4％，石膏粉1％。

配方四：棉籽壳40％，玉米芯20％，阔叶木屑20％，麸皮19％，石膏粉1％。

配方五：棉籽壳54％，玉米芯30％，麸皮15％，石膏粉1％。

配方六：棉籽壳50％，玉米芯30％，麸皮18％，蔗糖1％，石膏粉1％。

上述配方配制时,干料与水的比例按 1∶1.2～1.3,要视原料的干燥程度具体掌握,一般是按 1∶1.2 配制。拌匀后用手抓一把,用力攥,水从手指间渗出而不是大滴的滴下为宜。玉米芯用时最好先单独加水拌匀,堆料发酵 5～7 天后(堆料发酵方法见前述制种技术),再拌棉籽壳和麸皮等,然后混合一起拌匀。玉米芯经发酵腐熟后便于菌丝分解吸收。装瓶和装袋及灭菌、接种、培养方法见前述制种技术。

④栽培料选择及配制　根据白背毛木耳对木质素分解能力较强的生物学特性,选择棉籽壳、阔叶木屑、玉米芯 3 种原料作主料,麸皮、玉米粉等作辅料。栽培料配方有以下 2 种。

配方一:棉籽壳 29%,阔叶木屑 29%,玉米芯 29%,麸皮10%,生石灰 2%,过磷酸钙 1%。

配方二:棉籽壳 50%,阔叶木屑 37%,麸皮 10%,生石灰2%,过磷酸钙 1%。

配制方法:棉籽壳、木屑、玉米芯均选择不发霉的,木屑不能用鲜木材刚制成的。按配方将各种原料称好混合加水拌匀(生石灰粉应加水搅匀,随拌料用水充分稀释加入)。拌匀后堆料发酵 5～7 天,发酵方法同前述黑平菇培养料配制。

⑤装袋、灭菌、接种　采用 19 厘米宽的高密度聚乙烯塑料筒,使用前用自制裁袋器裁成 45 厘米长(规格:19 厘米宽、45 厘米长、0.05 毫米厚),两端开口,用前将一头扎好。手工装袋,边装边压实,装满后系好袋口,装入灭菌周转筐架,用千斤顶小车推至灭菌室,封好门,常压蒸汽灭菌 100℃保持 10小时。灭菌后,自然降温至 60℃～70℃时打开灭菌室门,将菌袋推至接种室或培养室。接种室使用前做好清洁卫生,地面、墙壁、空间用 40%克霉灵可湿性粉剂 100 倍液喷雾消毒。菌袋移至接种室后摆放好,将接种用的工具如酒精灯、接种

勺、大镊子、盛菌种用的盆等，以及未开袋的栽培种放入接种室。待菌袋温度自然降至 30℃ 以下时，打开臭氧发生器开关，半小时后关掉开关，停半小时，待臭氧灭菌后还原成氧气，接种人员穿上洁净的工作服，洗净双手，进入接种室开始接种。接种方法同白平菇，采用 4～5 人合作，1 人供种，3～4 人开袋系袋，当天灭菌的菌袋当天完成接种，防止放置时间长了，接种后受污染。4～5 人合作接种，工作效率高，效果也很好，是值得采纳的好方法。

⑥发菌管理　接种后，菌袋及时移至发菌室。发菌室用前每立方米空间用硫黄 10～15 克点燃熏蒸 24 小时灭菌。菌袋单排横卧摆放 5～6 层。发菌时主要是保温，因此排与排间留 10 厘米空隙，每隔 10 排留 30～40 厘米宽的过道，便于倒堆检查等管理操作。接种后外界气温尚低，达不到毛木耳菌丝生长适温25℃～28℃，管理的重点是增温、保温结合通风。白天中午通风，保证室内有足够的新鲜空气，使菌丝生长快，生长健壮。接种后 15 天倒堆 1 次。发菌室空气相对湿度自然，不必采取人为措施加大湿度。

⑦入棚上架及吊袋方法　若发菌温度较适宜，约 1 个多月菌丝长满袋，及时移至菇棚。旧菇棚使用前消毒，每立方米空间用硫黄 10～15 克点燃密闭熏蒸 24 小时。入棚上架吊袋7 层，上架吊袋出耳的优点是开口多，出耳集中，而堆叠摆放出耳时间长。两种方法生物效率无明显差别。吊袋时将塑料绳系在棚架竹竿上，套上袋的两端，将袋横卧吊挂起来。堆叠摆放同黑平菇和白平菇，摆 14～16 层，排与排间留 70 厘米过道。每棚入棚吊挂或上架堆叠摆放完后，用喷雾器向袋的表面均匀喷 0.1％的高锰酸钾溶液，进行消毒，避免开口时受污染。

⑧适时开口　吊袋或上架堆叠摆放消毒后，便可开口。

方法:用一锋利的小刀,堆叠式摆放的菌袋在袋的两端各开 2 个口,口的形状可是"V"字形、"十"字形或"一"字形。吊挂的菌袋在袋身均匀开 7~8 个口。耳芽的形成与温度密切相关,高于 25℃,尽管菌丝长满袋,只要不开口,也不易形成耳芽;15℃~20℃时,菌丝未长满袋,不开口袋内也可能形成耳芽。生产上可灵活掌握开口时间以及采取调整温度的措施,使其提前或推迟出耳期。

⑨ 出耳期管理

水分管理:开口后原基形成期间,以向出耳棚的空间和地面喷水为主,使棚内保持 90%~95% 的空气相对湿度。原基形成呈绿豆大小时,用压力较大的雾状水向菌袋表面喷雾,每天 1~2 次,连续 5~7 天。大耳芽发育,小耳芽萎缩,尽可能控制每袋健壮的耳芽 2~3 个发育最为理想。耳芽发育过多,形成的耳片小。控制好耳芽发育后,只向棚内空间和地面喷水,空气相对湿度 90%~95%。耳片长至鸡蛋大小时,生长快,需水多,要少喷勤喷,喷细雾,不要压力直喷耳片,向空中喷细雾,让雾珠落到耳片上,使耳片保持湿润,毛面白。若这段时间喷水过多,耳片常浸水,毛面变棕色,质量降低。成熟期耳片反卷,逐渐减少喷水量。采收前 2~3 天停止喷水。

通风:结合喷水进行通风。上午喷水前将棚南面的薄膜掀起。遇阴雨天空气湿度大,可不放下薄膜;刮风天空气干燥,只开耳棚门进行通风。下午和晚上喷水时,只开门通风,喷水后 1 小时左右再关门。若耳片较湿,可延长通风时间。夏季气温高,通风宜在早、晚进行。

光照:适宜的光照强度为 400~500 勒。光照太弱,耳片光面黑度不够;光照太强,耳片毛面红棕色。优质耳片光面色黑发亮,毛面洁白。

⑩采收及晾晒贮存　耳片充分展开且有一层白色粉状雾时，表明子实体已成熟，应及时采收。采收时采大留小，手握住耳片，用小刀从基部割下，即可装箱上市鲜销或晒干。采收第一潮耳后，停止喷水 2～3 天，使菌丝恢复生长。第二潮耳芽出现后，管理方法同第一潮。子实体成熟采摘时，若市场价格较低，不愿出售，则晒干贮存，待价高时再出售。晾晒方法简单，在通风好、向阳的空地铺一层苇帘或遮阳网，把木耳在上面摊开，或在房屋顶上晾晒，一般晴天 2 天即可晒干。晒干后装入编织袋，在通风、干燥的房间里贮存。

(4)白背毛木耳夏季栽培病虫害及防治　白背毛木耳在温度较高的夏季栽培，极易发生虫害。措施主要以防为主，入棚上架前每立方米耳棚空间用硫黄 10～15 克点燃密闭熏蒸 24 小时消毒。出耳开口前对菌袋及空间、地面、墙壁喷洒药剂杀虫，如喷洒 10％氯氰菊酯乳油 2 000～3 000 倍液。门、窗及通风孔安 0.22 毫米孔径尼龙纱网，防止成虫飞入。一旦发现害虫，可用药物如吡虫啉、氯氰菊酯等高效低毒农药杀灭，用药浓度应严格按使用说明掌握，并在采摘完子实体后向菌袋、地面喷药。若出现霉菌污染，可用 100 万单位的农用链霉素 1 000 倍液局部喷洒控制。

(二)白平菇—猴头菇—白背毛木耳周年生产新技术

1. 白平菇和白背毛木耳栽培

在白平菇—猴头菇—白背毛木耳周年生产模式中，白平菇和白背毛木耳的制种及栽培时间与白平菇—白背毛木耳周年生产模式相同。只是白平菇在 3 月中旬提前结束清棚，正好猴头菇菌袋发好,入棚上架出菇。猴头菇 5 月中旬左右结束,白背毛木耳入棚上架出耳。白平菇和白背毛木耳的制种及栽培时间参见白平菇—白背毛木耳周年生产模式。

2. 猴头菇栽培

猴头菇又名猴头、猴头蘑、菜花菌、刺猬菌等,多以形而得名,是一种名贵的食、药用菌,与熊掌、燕窝、鱼翅齐名,被誉为我国传统"四大名菜"。

猴头菇肉质细嫩柔软,清香爽口,营养丰富。据测定,每100 克干品含蛋白质 26.3 克,脂肪 4.2 克,碳水化合物 44.9 克,粗纤维 6.4 克。含多种氨基酸,其中有 7 种是人体必需的氨基酸。还含有多种维生素和矿质元素。此外,还兼具药理作用,对消化系统疾病,如胃病、胃溃疡有很好的疗效。近年来,以猴头菇菌丝为原料生产的猴头菌冲剂、猴头菌糖浆等药品不断问世。猴头菌制剂现已成为治疗消化道疾病的药物之一,全国很多地方都在批量生产,有些制剂出口国外,在国际市场享有盛誉。此外,猴头菇还具有抗肿瘤、保肝、护肝、降血压、降血脂等作用,因此具有很好的市场开发前景。

(1)猴头菇需要的营养条件　猴头菇属木腐菌,碳素营养是其需要最多的物质。猴头菇可利用的碳源十分广泛,单糖(葡萄糖和果糖)、双糖(蔗糖和麦芽糖)、淀粉、纤维素、半纤维素、木质素等均可被吸收利用。农业下脚料,如棉籽壳、杂木屑、甘蔗渣、玉米芯等都是很好的碳源。氮素营养又称氮源,是猴头菇需要的又一较多的营养物质,蛋白胨、氨基酸、麸皮、米糠、菜籽饼、玉米粉、尿素等都是很好的氮源。

(2)猴头菇需要的环境条件

①温度　猴头菇属中、低温型恒温结实的菌类,菌丝生长温度范围 6℃～33℃,适宜温度 24℃～26℃。比适温稍低些,

菌丝长得粗壮、浓密、洁白;温度高了,菌丝细弱。子实体原基分化 6℃～24℃,适宜温度 16℃～20℃,低于 12℃,子实体呈橘红色,味苦;高于 25℃,子实体菌刺长,球块小,松软,会形成分枝,有些菌株则不能形成子实体。菌株间对温度的要求也有差异。

②水分与湿度　人工栽培猴头菇,培养料含水量与其他食用菌一样,合适的含水量为 60%～65%。菌丝生长阶段要求空气相对湿度 60%～70%,子实体生长发育阶段为 85%～95%。猴头菇对空气相对湿度较敏感,湿度小,子实体发黄,菌刺短;湿度超过 95%,易感染杂菌。

③氧气和二氧化碳　猴头菇是好气性菌类,对二氧化碳敏感,菌丝生长阶段,二氧化碳浓度不超过 0.1% 能正常生长。子实体生长阶段需要的氧气量大,菇棚或菇房内二氧化碳浓度超过 0.1%,就会使子实体不能正常发育而形成畸形。管理上,在保证空气相对湿度的情况下,定时通风换气,以保证其正常生长需要的足够氧气,但注意通风时不能让风直接吹到子实体上。

④光照　和其他食用菌一样,强光抑制猴头菌丝生长。子实体原基分化需要一定的散射光,子实体生长发育需要的光照一般为 200～400 勒,超过 1 000 勒,子实体会变红,品质下降。猴头的菌刺没有向光性,却有明显的向地性,根据这一特性,栽培管理出菇阶段,不要随意改变菌袋或菌瓶的摆放方向,以防菌刺弯曲,降低品质。

⑤酸碱度　猴头喜欢偏酸的环境,菌丝 pH 值在 3～8 范围内均能生长,适宜的 pH 值为 4.5～5.5。

(3)栽培技术

①品种选择　选择优良品种对生产至关重要。近年来育

种单位的育种工作者不断选育出具有丰产、抗病、生育期短等优良性状的品种,栽培时可直接向育种单位或菌种公司购买。引进新品种时最好不要单一,避免盲目引种而造成损失。应进行品种比较试验,观察性状表现,充分了解其特性,结合市场需求,确定主栽品种。

②栽培季节　要根据猴头菇菌丝生长的适宜温度和极限温度,子实体生长发育的适宜温度,并结合当地气候变化规律综合考虑确定栽培季节。菌丝在24℃～26℃条件下生长速度最快,温度稍低,菌丝长得慢但粗壮,高于适温,菌丝生长细弱。接种后培养期间,培养室尽量创造合适的发菌温度条件,一般培养30天左右即可长满袋,很快便会出菇。出菇应在16℃～20℃条件下,才能培养出优质商品菇。华北中部平原地区,秋、冬季栽培平菇,春季栽培猴头菇,夏季栽培白背毛木耳。猴头菇在3月中旬菌丝长满菌袋入棚上架出菇,5月中旬结束。12月下旬制原种,翌年2月上旬制栽培袋,原种和栽培袋发菌在培养室,生火增温。由接种栽培袋到出菇结束,整个生育期历时100天左右。5月中旬猴头菇出菇结束,废菌袋清理出棚,白背毛木耳菌袋入棚上架出耳。

③制备母种和原种　母种培养基采用PDA培养基,其配方及制作过程见前述制种技术。原种培养基选择以棉籽壳为主料,加少量杂木屑,氮素营养选择麸皮,配方和制作过程参见前述制种技术。

④栽培料选择及配方　选择优质培养料是保证猴头菇高产的基础。目前,生产上采用棉籽壳作栽培料,比木屑、玉米芯、甘蔗渣等为代用料产量高,是栽培猴头菇使用最广泛的首选原料。含绒量高的棉籽壳优于含绒量少的。其次是玉米芯,玉米芯价格低,可和棉籽壳混合使用作为碳源。氮源是栽

培猴头菇必须且需要量较大的原料,麸皮不仅含氮量高,是很好的氮素营养,同时含有多种维生素,主要是 B 族维生素对猴头菇生长发育有很好的促进作用。其次是米糠。玉米粉、豆饼粉也是较好的氮源。

生产过程中,摸索出一些较理想的培养料配方,均获得了较高产量。介绍如下几个配方,供生产时参考使用。

配方一:棉籽壳 82%,麸皮 10%,玉米粉 5%,磷肥 1%,石膏粉 2%。

配方二:棉籽壳 80%,麸皮 11%,玉米粉 5%,石膏粉 2%,过磷酸钙 2%。

配方三:棉籽壳 80%,麸皮 15%,尿素 1%,石膏粉 2%,过磷酸钙 2%。

配方四:棉籽壳 80%,麸皮 15%,尿素 1%,石膏粉 2%,过磷酸钙 2%。

配方五:玉米芯 77%,麸皮 15%,玉米粉 5%,石膏粉 1%,过磷酸钙 2%。

配方六:玉米芯 78%,麸皮 20%,石膏粉 1%,蔗糖 1%。

上述配方干料与水的比例为 1∶1.2～1.3。玉米芯为主料,使用前需堆料发酵后装袋(发酵方法见前述制种技术)。

⑤培养料装袋、灭菌　猴头菇塑料袋层架叠放栽培比瓶栽具有产量高、操作简便、成本低的优点。多层叠放可充分利用菇棚空间,选用 17 厘米宽、37～38 厘米长、0.04 毫米厚的低密度聚乙烯塑料袋。栽培前用裁袋器将 17 厘米宽的塑料筒裁成 37～38 厘米长,用塑料绳将一头系好(制袋方法同前面白平菇和木耳栽培)。装袋灭菌后采用两头接种,比大袋打孔接种便于操作,不易污染。

按所选棉籽壳为主料的配方,将各种料称好,加干净的自来水拌匀。采用手工装袋,边装边压实,松紧适度。装好的菌袋放入多层周转筐架,及时移入灭菌室常压蒸汽灭菌,保持灭菌温度 100℃,10 小时。

⑥接种培养 接种在接种室或培养室进行。用前先将室内清扫干净,每立方米空间用硫黄粉 10～15 克点燃密闭熏蒸 24 小时灭菌。灭过菌的菌袋移入接种室摆放好,打开接种室内安装的臭氧发生器的开关,消毒半小时后关闭开关。再等半小时后接种人员穿好干净的工作服,洗净双手,进入接种室准备接种。采用 5 人合作接种,接种人员围坐在小桌旁,将双手和原种瓶表面用 75％酒精棉球擦拭消毒,将接种工具如不锈钢勺、镊子等用酒精棉球擦拭后在酒精灯火焰上烧灼灭菌,3～4 个人开袋、系袋,1 个人供种,两头接种。此法接种成功率高,速度快。

接种后的菌袋放置培养室培养,堆叠摆放每排 5～6 层,排与排间留 10 厘米距离,每隔 10 排留 1 条 30～40 厘米宽的过道,便于管理操作。培养室生火增温,尽量使袋温能达到 20℃以上,以利于发菌。增温结合通风,此时外界气温尚低,中午通风,保证培养室有充足的氧气。室内挂温度表,菌袋中间分几处插温度表,每天观察温度变化。接种后 15 天左右倒堆 1 次,结合检查,及时剔除污染菌袋。一般接种 15 天左右时,即使有个别菌袋污染,也只是局部,污染面积很小,将其拣出,集中一起重新灭菌可再利用,灭菌时间适当延长至 12 小时,切不可随意抛于室外或菇棚外,造成环境污染。

⑦出菇管理 若培养温度适宜,30 天左右即长满袋,移入菇棚上架出菇。入棚前将菇棚清扫干净,每立方米空间用 10～15 克硫黄粉分几处点燃密闭熏蒸 24 小时灭菌,而后入棚。每层架横卧摆放 4 层菌袋,共摆放 16 层。

温度:菇棚温度控制在 16℃～20℃,不要低于 12℃或高于 23℃。菌丝扭结原基形成时,将系袋口的绳解开,让原基通过袋口向外伸展。

湿度:加大菇棚空气相对湿度。一种方法是用水将菇棚地面浇湿,通过蒸发增加空气湿度,另一种方法是喷水保湿。原基逐渐通过松开的袋口向外长出时,轻喷少喷,子实体长大后,轻喷多喷,不要将水直接喷到子实体上,通过湿度计随时观察菇棚空气相对湿度,保持 85%～90%。

通风:控温、保湿的同时注意通风换气,菇房每天至少通风 2 次,不要让风直接吹子实体,可在南、北对通风口的两面挂上薄膜遮挡,以防子实体受风吹后萎缩。

光照:出菇期间,棚内保证 200～400 勒的光照,且要均匀,以使子实体洁白健壮,培育标准商品菇。可通过光度计测量。一般温度适宜,管理得当,10～12 天子实体成熟。

⑧适时采收　猴头菇成熟的标准是子实体洁白,菌刺长 0.4 厘米左右,形状圆整,球块肉质坚实,即可采摘。若子实体已有些发黄,菌刺长 1 厘米左右,开始大量弹射孢子,说明已老熟。采收方法为一只手捏住子实体基部,另一只手按住菌袋,轻轻拧下,置于包装箱或筐内,及时运走销售。

⑨采收后的管理　采菇后,及时清理残菇、菌柄及碎片出棚。停止喷水 3～4 天,加强通风,以保证充足的氧气,控制菇棚温度达 23℃～25℃,空气相对湿度 70%～80%进行养菌。6～7 天后,原基重新出现,管理方法仍是控温 16℃～20℃,空气相对湿度 85%～90%,散射光照,结合通风保温保湿。一般可采收 3 潮菇,到 5 月中旬左右结束,清理废菌袋出棚,木耳菌袋入棚上架出耳。

(三)杏鲍菇周年栽培新技术

杏鲍菇,又名刺芹侧耳,因首先发现生长于伞形花科刺芹植株上而得名,属担子菌纲、伞菌目、侧耳科、侧耳属。杏鲍菇菌肉肥厚,质地脆嫩,特别是菌柄组织致密,可全部食用,且菌柄比菌盖更脆滑爽口,被称为平菇王,具有杏仁香味如鲍鱼,口感极佳。杏鲍菇市场价格比平菇高 3～4 倍,还具有降血脂、降胆固醇、促进胃肠消化、增强机体免疫功能、防止心血管病等功效。据有关资料,杏鲍菇 100 克干品当中,蛋白质含量 20%,粗纤维含量 13.28%,粗脂肪含量 3.5%,多糖含量 6.3%,灰分含量 6.9%,并含有多种氨基酸和矿质元素,是营养丰富的保健食品。不仅在国内市场鲜销价格较高,销售很好,还是出口创汇的食用菌之一,具有很好的市场前景。

1. 杏鲍菇需要的环境条件和营养条件

(1)环境条件

①温度 杏鲍菇菌丝生长温度范围 15℃～35℃,适宜温度 25℃～28℃,低于 20℃,生长速度减慢,且容易受污染。子实体原基分化温度范围 10℃～20℃,适宜温度 12℃～15℃。子实体生长菌株间有差异,有的 10℃～21℃,有的 10℃～18℃。在生长温度范围内,高于适温,子实体生长快,菇体细长,组织松软,品质下降;低于 8℃,子实体生长缓慢,菌盖颜色加深,呈灰黑色,有的菌株则不能生长。

②水分与湿度 人工栽培杏鲍菇合适的培养料含水量为 60%～65%,因管理时不宜向子实体直接喷水,所需水分主要靠培养料,因此装袋时培养料含水量可适当提高到 65%～70%。菌丝生长阶段适宜的空气相对湿度 60%～70%,原基

形成阶段 90%～95%,子实体生长发育阶段 85%～90%。

③氧气和二氧化碳 杏鲍菇是好气性菌类,但菌丝生长和子实体生长发育对二氧化碳的耐受力较强。原基形成期间,需二氧化碳浓度要低,否则缺氧,会在袋口长出大量气生菌丝,原基在气生菌丝上形成,会影响产量。子实体生长发育阶段虽较耐二氧化碳,但在高温高湿条件下,通气不良,会受杂菌感染。

④光照 菌丝生长阶段不需要光,强光抑制菌丝生长。子实体形成和生长发育需要一定的散射光,适宜的光照强度为 500～1 000 勒,以保证子实体正常生长。

⑤酸碱度 杏鲍菇菌丝生长的 pH 值范围 4～8,适宜的 pH 值为 5～6。制作栽培袋拌料时将 pH 值适当调高至 7～8,菌丝生长过程中代谢产生的有机酸会使培养基 pH 值降至适宜。

(2)营养条件 杏鲍菇属木腐菌,分解木质素和纤维素的能力较强。其菌丝生长可利用的碳源十分广泛,葡萄糖、果糖、蔗糖、麦芽糖、淀粉、蛋白胨等是培养母种时很好的原料。制作原种和栽培种时,棉籽壳、玉米芯、木屑、甘蔗渣等都是可分解利用的碳源,其中以棉籽壳最好,产量最高;其次是玉米芯。可利用的氮源有麸皮、米糠、玉米粉、菜籽饼粉、尿素等。麸皮不仅是很好的氮素营养,还含有多种维生素,因此生产上选用氮素营养时首选麸皮。栽培时合适的碳氮比为30～40：1。

2. 杏鲍菇栽培技术

(1)品种选择 生产上杏鲍菇菌株从形态上大致分为棍棒状、保龄球状和鼓槌状 3 类。菌株间的抗病性、适应性均存在差异,根据市场需求,鲜销还是加工出口,对子实体形态及大小的要求,丰产性,抗逆性等综合考虑确定选择品种。

(2)制备母种和原种　在栽培前需扩繁母种,制备原种,母种培养基用PDA培养基。原种培养基可用棉籽壳为主料的培养基配方,或以玉米芯为主料的配方,也可以棉籽壳和木屑或玉米芯混合使用为主料,加15%左右的麸皮为辅料,加1%石膏粉和1%石灰粉配制而成,装袋后经高压或常压蒸汽灭菌,在接种室无菌操作接种,接种后经培养、检查剔除污染,具体操作和制备方法见前述制种部分。

(3)栽培料选择与配制　杏鲍菇分解木质素和纤维素的能力较强,棉籽壳、玉米芯、木屑、甘蔗渣等农业下脚料均可作为栽培主料,再添加一定量的氮素营养,如麸皮、玉米粉、米糠等含蛋白质较高的物质。主料即碳素营养原料中应首选棉籽壳,其产量高。辅料即氮素营养中以麸皮为好,生产上常用麸皮和玉米粉混合使用。

培养料营养成分的合理搭配是能否高产的基础,除此还应适当考虑培养料的物理性能,即粗细搭配,改善通透性。生产中摸索出许多高产栽培配方,如下配方供栽培时参考。

配方一　棉籽壳88%,玉米粉10%,石膏粉1%,石灰粉1%。

配方二　棉籽壳78%,麸皮15%,玉米粉5%,石膏粉1%,石灰粉1%。

配方三　棉籽壳70%,阔叶木屑10%,麸皮13%,玉米粉5%,石膏粉1%,石灰粉1%。

配方四　棉籽壳60%,玉米芯20%,麸皮18%,石膏粉1%,石灰粉1%。

配方五　棉籽壳88%,麸皮9.7%,二铵0.3%,石膏粉1%,石灰粉1%。

上述配方拌料时,干料与水的比例为1:1.2～1.3,即含水量65%左右。玉米芯用前需粉碎成红豆大小的颗粒,若以玉米芯作主料,按配方称料,拌好后最好堆料发酵5～7天腐熟,以便于接种后被菌丝分解吸收。发酵具体方法见前述制种技术。

(4)装袋灭菌　菌袋采用17厘米宽的高密度聚乙烯塑料筒,用前用裁袋器裁成34～35厘米长,将一端用塑料绳扎紧。按配方将各种原料按比例称好后混合,加水拌匀即可装袋。手工装袋,边装边压实,松紧适度。装好后即刻放入层架周转筐,推入灭菌室常压蒸汽灭菌,灭菌温度100℃,保持10小时。

(5)接种、培养　灭菌后的菌袋移至接种室,袋温自然降到30℃以下时即可接种。接种前搞好接种室内卫生,每立方米空间用硫黄粉10～15克点燃熏蒸24小时灭菌,而后打开门窗,放出烟待用。菌袋灭菌后移至接种室,原种和接种工具等用品应在接种前放入接种室。关好门窗,打开臭氧发生器开关,半小时后关闭开关。再过半小时后接种人员穿好干净的工作服,洗净双手,进入接种室接种。先用75%酒精棉球将接种工具擦拭一遍,进行消毒,点燃酒精灯,将接种工具在酒精灯火焰上灼烧灭菌后,插在工具架上备用。然后用酒精棉球擦拭双手,开始接种。采用4～5人合作接种方式,由1人供种,3～4人解袋系袋。接种后的菌袋放入培养室,堆叠摆放成排,每排4～5层,排与排间留通道便于管理。

菌袋接种后在培养室摆放好培养,培养管理主要是控温和通风,及时检查。培养室内挂温度计,菌袋堆叠层中间插温度计,随时观察温度变化,尽可能控制菌袋温度在23℃～25℃,室温在22℃～23℃,以利于发菌。菌丝开始生长时会放出热量,袋温不宜高于28℃,避免温度高"烧菌",通过倒堆和通风散热降低温度。冬季发菌气温低,培养室生火加热增温,中午通风,以保温为主。

(6)入棚上架 若发菌温度适宜,一般40天左右菌丝长满菌袋。杏鲍菇的特性是菌丝长满袋后并未达到生理成熟,需继续培养一段时间,称为菌丝的后熟期。一般继续培养10~15天。因此,从接种到出菇一般50~60天。菌丝长满袋后移入菇房上架。如果是使用过的菇房,入菇房前每立方米空间用10~15克硫黄粉点燃密闭熏蒸24小时灭菌,放出烟雾后入房上架,菌袋在架上横卧摆放14~16层。

(7)诱导出菇 菌丝生理成熟后(一般菌丝长满袋后10~15天),菇房温度控制在13℃~17℃,通过向地面、空中、墙壁喷水使菇房内空气相对湿度增至90%~95%,给予散射光照,光照强度以能看清管理为宜。二氧化碳浓度控制在0.2%以下。菌丝受到低温、高湿刺激,袋口形成白色浓密的茸毛菌丝,解开袋口塑料绳,不撑开袋口,在低温和较高空气湿度条件下,刺激菌袋内的菌丝形成原基。原基形成后,让其自然从袋口向外伸长。菇蕾长出较多时,及时用小刀疏蕾,削掉幼菇,只保留1~3个,保证子实体个大整齐,商品价值高。

(8)子实体发育期的管理 疏蕾后,子实体生长发育期间,菇房始终保持空气相对湿度85%~90%,温度控制在13℃~17℃。通过喷水保持菇房空气相对湿度。喷水时,向空中喷雾状水,不能使子实体上积水过多,水量不能过大。若菇房温度高于18℃,禁止在子实体上喷水,以免子实体发黄腐烂。喷水时结合通风,喷水后关闭通风口保温,并给予散射光照。若菇房温度高于20℃,菇房空气相对湿度低于70%,会抑制菌盖发育,子实体长成球状或棒状,菌盖小或无菌盖,即畸形菇。

（9）适时采收　当菇盖未弹射孢子前及时采收。采收前1～2天停止喷水。若管理得当，第一潮菇比较集中，采菇时采大留小，一只手捏住菇柄，另一只手用小刀从菌柄基部轻轻削下，不要伤及小菇菌柄基部，以免小菇萎缩死亡。

（10）后期管理　采收1～2潮菇后，手提菌袋明显变轻，袋内料中水分随子实体生长丧失较多，如及时补充，还会有一定产量。具体措施是将袋皮剪开剥掉，将菌棒直立，一个挨一个埋于地下，覆盖2～3厘米厚的土，覆土要用2％生石灰和50％多菌灵500倍液拌匀处理，以防污染。覆土后浇水，菇房适当通风，控制菇房温度13℃～17℃，这样还会继续出菇，直至菌棒养分耗尽。

在菇房周年栽培杏鲍菇，需人工控制温度，夏季用空调机制冷，冬季用热风炉升温，虽投入较大，若管理得当，于淡季出售，价格高，经济效益较好。若市场价格不理想，可调整制袋时间，避开最热和最冷时出菇，以节省投入，可结合市场变化灵活掌握。

3. 杏鲍菇常发病虫害及防治

杏鲍菇和黑平菇、白平菇、猴头菇、白背毛木耳等相比，抗杂菌能力差，即使菌丝长满菌袋，在高温（高于20℃）和空气相对湿度较大时仍会被杂菌污染。如2006年8月在张北实验站，杏鲍菇PL16菌株长满菌丝的菌袋与平菇长满菌丝的菌袋放在相同的条件下（20℃～21℃，雨后空气相对湿度比较大），平菇菌袋未受污染，而杏鲍菇PL16菌袋有50％被绿木霉污染。同样在20℃以上高温，空气相对湿度在60％左右，通风良好，则无一袋被污染。杏鲍菇一旦被杂菌污染则不好控制，主要以防为主。

管理措施如下。

（1）栽培袋发菌期间　温度不要过高，发菌室通风良好，空气相对湿度不能高于70%，阴雨天时空气湿度较大，要加强通风。

（2）菌丝长满袋后至生理成熟前　不要过早进行出菇管理，诱导出菇时，控制菇房温度在13℃～17℃，高于20℃，不宜进行出菇管理，否则木霉等杂菌会从袋口侵入。气温在18℃以上时，加强通风。

（3）出菇阶段　子实体生长期间，始终将温度控制在20℃以下（有的菌株高于18℃子实体就不能正常生长）。喷水时结合通风，高于18℃，切勿向子实体喷水。整个出菇期间，切忌菇房高温、高湿和通风不良。

（4）虫害防治　气温高的季节，应以防为主，门口要挂纱网帘，通风口安装0.22毫米孔径的尼龙纱网，防止蚊、蝇进入。菇房在菌袋入房前用硫黄点燃熏蒸杀菌灭虫，结合喷洒2.5%溴氰菊酯乳油3 000～4 000倍液杀虫药剂杀灭害虫。

4. 保鲜与加工

（1）鲜销　采收后的鲜菇，用小刀削去菌柄基部杂质，按大小和质量标准分成一级和二级，畸形菇为等外品。鲜销距离较远的大、中城市，保鲜贮运很关键。若在当地市场销售，只需将不同等级的鲜菇分别装入塑料袋内，每袋5千克。若长途运输时，需将鲜菇装入泡沫箱内，每箱10千克或20千克，用胶带封严。夏季气温高时，需冷藏。

（2）盐渍加工　规模化生产时，生产量大，为避免鲜菇大量上市价格下跌，应拓宽销路，可盐渍加工出口。

盐渍工艺比较简单，采收后的鲜菇削去菌柄基部杂质并使菌柄平整光滑，按大小分级分别盐渍。在不锈钢或铝锅（不要用铁锅）中加水煮沸，将分级后的鲜菇放入锅内，煮沸约15

分钟,不可搅动,以免菇体破碎,要达到熟而不烂有弹性的程度(没煮熟的子实体盐渍后会变质)。而后捞出放入加好冷水的大缸或砌好的专用池内漂洗,洗去杂质,漂洗2~3遍,使菇体冷却至和外界温度相同。

经冷水漂洗冷却,冷透后捞出,沥去水,进行盐渍。盐渍的方法有2种,一种方法是在菇体中加入盐混合,不能加工业盐及含碘或亚铁氰化钾的盐。菇和盐的比例为10:4。另一种方法是一层菇一层盐,盐的用量为菇的35%~40%,装满缸或池后,加入饱和盐水淹没菇体,最后在菇体表面再撒一层盐封面,之后用塑料薄膜覆盖,以免进入杂质。

(3)装桶销售 盐渍15天后,盐水充分进入菇体,即可装桶销售。用软质塑料桶或专用绿色塑料桶。先在桶内装一塑料袋,将盐渍菇捞出沥去水装桶,每桶装入一定的量,一般为25千克或50千克,然后加入调酸的饱和盐水(在饱和盐水中加入0.5%的柠檬酸,调pH值为3~4)。加饱和盐水的量刚好淹没菇体,再用盐封面,系好塑料袋,盖上桶盖准备销售。

(4)干制加工 采收的鲜菇削去菇柄基部杂质,纵向切成约0.1厘米厚的薄片。当天采收的菇需当天切片,置于干燥室干燥,温度控制在50℃~60℃,一般4~5小时即可干燥。菇片内含水量在13%左右,菇片洁白,不易碎。将菇片分装于小塑料袋内包装好即可销售。

此外,还可深加工制成罐头出售,或出口国外,远销国际市场。

(四)鸡腿菇周年栽培新技术

鸡腿菇分类学上属伞菌目鬼伞科鬼伞属,因其外形酷似鸡腿而得名,又称毛头鬼伞。野生状态下于北方春秋两季多生于草堆、沟池、草丛或林地中,属草腐菌,因不覆土不出菇所以是土生菌。

据分析,100 克干菇中,含粗蛋白质 25.4 克,脂肪 3.3 克,总糖 58.7 克,灰分 12.5 克。此外,还含有多种氨基酸和维生素,其中,人体必需的 8 种氨基酸齐全,属保健食品。鸡腿菇肉质细嫩,味道鲜美,同时还具有健脾胃、清心安神、降血糖的药理作用,对糖尿病有很好的辅助疗效,已被确定为联合国粮农组织(FAO)和世界卫生组织(WHO)要求的具有"天然、营养、保健"3 种功能的食用菌之一,是一种极具开发前景的食用菌。

1. 鸡腿菇需要的营养条件和环境条件

(1)营养条件　鸡腿菇能利用的碳源十分广泛,葡萄糖、果糖、麦芽糖、乳糖、淀粉等均可被吸收利用。人工栽培,对原料的要求不严,虽然对木质素的分解能力较差,但很多农作物的下脚料,如棉籽壳、玉米芯、甘蔗渣、木屑等加适量氮素营养,都能使鸡腿菇菌丝生长健壮。

(2)环境条件

①温度　鸡腿菇属中低温型变温结实的食、药用菌类,菌丝生长温度范围 3℃～35℃,适宜的温度为 21℃～28℃,抗寒能力很强,覆土的菌丝在气温－30℃左右的冬季仍能安全越冬。低温条件下菌丝生长缓慢,不健壮。高温超过 35℃,菌丝停止生长。子实体原基形成温度为 8℃～30℃,生长适宜温度为 16℃～24℃。12℃～18℃范围内,子实体生长速度慢,但个大,菇体端正,菌盖紧贴菌柄,菌柄短而坚实,商品价值高。超过 20℃,菌柄易伸长,菌盖变小而薄,与菌柄发生松动,品质降低,且易开伞。

②水分与湿度　鸡腿菇菌丝生长合适的培养料含水量为 60%～70%，空气相对湿度 70%～80%；子实体生长发育阶段空气相对湿度 85%～95%。湿度过低，子实体瘦小，菌盖表面的鳞片翻卷；湿度过高，超过 95%，菌盖易发生斑点。

③空气　鸡腿菇是好气性菌类，菌丝生长阶段对氧气的需求量比子实体生长阶段相对少，子实体生长阶段需大量氧气，若通风不好，子实体菌柄长，菌盖小，肉薄，品质差。

④光照　菌丝生长不需要光，强光抑制菌丝生长。子实体原基分化需要 50～100 勒的光照。子实体生长发育阶段给予一定的散射光，可使子实体肥大、洁白；强光不仅会起抑制作用，还会使菌盖发黄，鳞片增多，品质下降。

⑤酸碱度　菌丝生长适宜的 pH 值为 7。覆土是鸡腿菇出菇的必要条件，不覆土不出菇。

2. 栽培技术

(1)品种选择　目前生产上鸡腿菇的优良品种很多，有单生和丛生 2 类。根据市场需求的商品菇标准、抗病性和产量等几个主要特性综合考虑选择品种，既要考虑单菇大小，又要考虑总生物效率高低。根据上述原则，目前生产上栽培选择宫丰 3 号、鸡腿菇 33、鸡腿菇 36 等品种。

(2)制备菌种

①母种　母种培养基用 PDA 培养基，配方和制备过程见前述制种技术。

②原种和栽培种　培养基原料可用棉籽壳，或棉籽壳和玉米芯各半，或用棉籽壳、玉米芯、木屑各 1/3，加适量氮素营养和其他辅料配制而成。原种和栽培种配方、制种方法参照前文制种技术中所述常规制种方法制作，于栽培前将栽培种制备好。

③栽培料的选择及配方　栽培鸡腿菇可利用多种农作物下脚料为原料,又分生料栽培(刚产出的棉籽壳比较干净,气温较低时可用于发菌)、发酵栽培和熟料栽培。生产上较普遍采用的是熟料栽培。姚振庄周年栽培几种菇类,年产出废菌袋若干,将栽培平菇、杏鲍菇、猴头菇后的废菌糠再利用作为栽培鸡腿菇的主料,变废为宝,可大大节约成本。下面介绍几个生产上常用的配方供参考。

配方一:废菌糠 60%,棉籽壳 28%,玉米粉 8.5%,尿素0.5%,生石灰粉 3%。

配方二:废菌糠 30%,棉籽壳 30%,玉米芯 20%,麸皮17%,生石灰粉 3%。

配方三:废菌糠 86.5%,麸皮 10%,尿素 0.5%,生石灰粉 3%。

配方四:棉籽壳 91.8%,麸皮 5%,二铵 0.2%,生石灰粉3%。

配方五:棉籽壳 40%,玉米芯 40%,麸皮 10%,玉米粉4.5%,尿素 0.5%,生石灰粉 3%,过磷酸钙 2%。

配方六:玉米芯 88%,麸皮 8.5%,尿素 0.5%,生石灰粉3%。

配方七:玉米芯 61%,阔叶木屑 20%,麸皮 15%,过磷酸钙 1%,石膏粉 1%,生石灰粉 2%。

制作方法:配方一至配方三含水量同样为 60%～65%,视菌糠干燥程度而定加水量。配方四至配方七干料与水的比例为 1∶1.2～1.3。棉籽壳为主料的,按配方将各种原料称好、混合,加自来水充分拌匀,生石灰粉加水充分稀释,逐次加入,避免不均匀。棉籽壳和玉米芯各半或玉米芯为主料的,要堆料发酵 5～7 天,进行腐熟,便于菌丝分解吸收。平菇、杏鲍菇、猴头菇等废菌糠为主料的,将废菌袋去掉袋皮后粉碎、晾晒,再按配方称料、拌料。因菌糠中含一定水分,拌料时注意掌握好,不要使含水量超过 65%。

④装袋灭菌(熟料袋栽)　选用 40 厘米宽的高密度聚乙烯塑料筒,使用前用自制裁袋器裁成 50 厘米长、两头开口的塑料筒,用塑料绳扎上一头,手工装袋,边装边压实,松紧适度。袋装好后即可放入周转筐架,推入灭菌室常压蒸汽灭菌,灭菌温度 100℃,保持 12 小时。

⑤接种、培养　灭菌后菌袋温度降至 70℃～80℃时打开灭菌室的门,将菌袋移入接种室自然冷却,温度降至 30℃以下时,便可接种。接种在接种室或培养室进行。接种前先将接种室搞好清洁卫生,每立方米空间用 10～15 克硫黄粉点燃熏蒸消毒灭菌 24 小时,打开门窗,放出烟雾,将菌袋、菌种、接种工具放入接种室,打开接种室内安装的臭氧发生器的开关,开半小时,关掉开关,待半小时后接种人员穿上干净的工作服,洗净双手进入接种室接种。采用 4～5 人一组合作接种,1 人用灭过菌的接种勺供种,3～4 人开袋系袋,方法同前述木耳、白平菇接种方法。袋的两头接种,用种量一头接 1 勺。接种后的菌袋置于培养室培养。若在培养室接种,随接种随摆成排,每排 5～6 层,无须再搬运,只是培养室必须具有接种灭菌条件(姚振庄的培养室兼作接种室,一间 36 平方米安装 2 台臭氧发生器)。

周年栽培菌丝会处在不同季节,培养室要有控温设备,自然季节气温低不适宜发菌时,要生火增温,气温高的季节要有空调降温,使培养温度尽可能满足菌丝生长较适宜的温度 24℃～26℃。袋层中间插温度计,菌袋温度不能超过 28℃。接种后 15～20 天,倒堆 1 次,结合检查,发现污染的菌袋及时拣出。污染不严重的菌袋随灭菌袋重新灭菌再接种利用,污染严重的菌袋需将污染料倒出,重新装袋,集中一起,重新灭菌,灭菌温度100℃,保持12小时以上后再利用。

⑥入房摆袋、覆土及管理　温度适宜,一般接种后30～40天菌丝可长满袋。长满袋后,及时移入菇房出菇。生产上普遍采用的常规方法是在菇房或菇棚内地面做畦,脱袋后将菌棒横卧摆放在畦内,然后覆土。此法的缺点是一旦染病,不好控制,再就是出菇结束后清理场地工作量大,用工多,且菇房利用率低。改进的新方法是多层床架式立体栽培,在水泥柱和水泥板搭成的床架上铺一层塑料薄膜,将长满菌丝的菌袋解掉一头塑料绳,撑开袋口,向袋口内放1.5～2厘米厚的覆土,一袋挨一袋直立摆放在床架上。向覆土浇水,再放1.5～2厘米厚的土,第一层土向上慢慢将第二层土洇湿,不再浇水,最后覆土含水量为60%～65%。

选择肥沃的田土,过筛、除去杂质和瓦砾,用3%生石灰粉拌入土中,同时用37%的甲醛100～150倍液随拌入土中,拌好后盖上薄膜闷24小时,杀灭土中杂菌和虫卵,处理好的土作为覆土。覆土后,菇房管理主要是控温、保湿。室温控制在22℃～26℃,空气相对湿度80%～90%,适当通风。待菌丝向上长满土层后,子实体原基分化,继而小菇蕾破土而出,菇房温度控制在16℃～24℃,空气相对湿度80%～90%。结合定时通风,通过通风孔射入的弱光即可保证菇房内子实体生长发育需要的光线。整个出菇期不要向子实体喷水,以免菇体发黄,影响商品价值。

⑦适时采收及采收后的管理　当菇体长至5～12厘米、菌盖直径1.5～3厘米、用手指轻轻捏住菌盖中部有松软感时即可采收第一潮菇。采收时一手捏住菇柄下部,左右转动轻

轻摘下，或用小刀在菌柄基部切下。及时清理掉烂根，填平覆土。视覆土湿度而定是否补水。若覆土不干，含水量 60%～65%，不需浇水；若偏干，需向袋内浇水。控制菇房温度16℃～24℃，结合定时通风来保湿和提供弱光照，管理方法同第一潮菇。

周年栽培春、秋两季出菇温度适宜，夏季和冬季需采取措施，夏季需制冷降温，冬季菇房需生暖风炉增温以保证适宜的出菇条件。若市场销售价格不高，投入产出比不理想，出菇期可避过最热和最冷时间，以减少投入，可根据市场情况灵活掌握。

3. 鸡腿菇主要病害及防治

鸡爪菌是鸡腿菇栽培中的主要病害，轻者减产 30%～40%，重者绝收。菌丝生长阶段不感染，覆土后易感染此病。鸡爪菌寄生力很强，菌丝受感染后变细发暗，停止出菇。鸡爪菌在土壤中可存活 1 年以上，适宜温度为 25℃～30℃，湿度为 90% 以上。

防治方法：一是熟料栽培。二是控制出菇不要温度和湿度过高。三是对覆土进行严格消毒，用 37% 甲醛 150～200倍液和 3% 生石灰粉拌土，拌匀后用塑料薄膜覆盖闷 2 天进行杀菌杀虫处理。四是一旦有鸡爪菌病害发生，及时将感病菌袋拣出处理掉，或高温灭菌，或烧掉，以免扩散。

六、食用菌常见病虫害综合防治

(一)菌丝生长期常见病害

制种阶段和栽培袋发菌时的病害分为真菌病害和细菌病害,通常统称杂菌污染。危害严重的是真菌病害,常见的有如下几种。

1.青　霉

青霉广泛存在于自然界的土壤、空气及有机物中,在高温、高湿、偏酸且通风不良的环境中极易发生,25℃～28℃时繁殖最快。青霉是制种和栽培过程中经常发生的一种杂菌污染。感染初期,菌丝在培养基表面形成圆形菌落,外观略呈粉状,随分生孢子的产生,菌落变成一个个绿色斑点,抑制菌丝生长,很快蔓延。

防治方法:一般用3%的生石灰粉和50%多菌灵可湿性粉剂500倍液,以抑制青霉生长和繁殖。一旦发现被污染的菌袋,及时拣出,集中一起重新灭菌再利用。

2.木　霉

常见的为绿木霉和康氏木霉。木霉广泛存在于自然界空气、土壤及有机物中,主要通过分生孢子在空气中传播。高温、高湿、通风不良条件下极易发生污染。其菌丝浓密,生长速度比食用菌菌丝快,初期呈白色斑块,逐渐形成浅绿色的孢子,菌落中央深绿色,边缘白色,后变成深绿色,使培养基全部变成墨绿色。菌袋被污染后使食用菌菌丝不能正常生长。

防治方法：培养基彻底灭菌，接种时进行严格的无菌操作，培养室消毒灭菌，保持经常通风。平菇生料袋栽，接种发菌时避开高温季节。培养时经常检查，发现被污染的菌袋及时拣出，重新灭菌再利用，不能随意扔至培养室周围，以免交叉污染。

3. 毛霉和根霉

这两种杂菌又称长毛菌。菌丝生长极快，初期白色或灰白色，约2天后先端会出现黑色颗粒的孢子囊，散发大量孢子。两种杂菌多发生在培养基内部，通风不良、湿度过大时极易发生。

防治方法：预防为主，具体措施同木霉防治方法。

4. 链 孢 霉

链孢霉又称脉孢霉，是一种好气性真菌。在自然界广泛存在于空气、土壤、蔬菜、水果及腐烂物中，靠气流传播。对温度适应范围较广，高温下生长繁殖较快。通气良好条件下，分生孢子大量繁殖。培养料被污染后，料面形成橙红色或粉红色的分生孢子堆。高温、高湿条件下，能1～2天内传遍整个培养室，多发于高温季节，培养料被污染后，不易彻底杀灭。

防治方法：培养基彻底灭菌，接种时严格无菌操作。由于链孢霉是好气性的，对接种室更应严格消毒，一旦发现有被污染的菌袋，立即拣出烧掉，对发生污染的接种室或培养室用清石灰水冲洗地面、墙壁，并每立方米空间用硫黄10～15克点燃密闭熏蒸24小时灭菌。

5. 曲 霉

曲霉广泛存在于自然界中，常见的有黄曲霉、黑曲霉、烟曲霉。曲霉菌丝繁殖初期，菌落呈白色或灰白色，分生孢子成熟后呈黄、绿、黑等颜色。适于近中性环境，主要靠空气传播，在含淀粉较多的培养料中容易发生。喜湿，耐高温。黄曲霉分泌一种黄曲霉素，是一种致癌物质。

防治方法：陈旧的培养料使用前进行晾晒，培养基彻底灭菌，接种时严格进行无菌操作。生料栽培平菇时选用新鲜无霉变的培养料，配料时，用3％生石灰将培养料的pH值调高。最好在温度较低的季节装袋。接种室使用前严格熏蒸消毒，保持室内空气流通并做好防潮工作。发现被曲霉污染的菌袋，用5％清石灰水喷洒或浸泡。

6. 酵母菌

母种培养基上常被酵母菌污染，尤其高温季节。污染后，产生白色、无色、红色或黄色黏稠物，使食用菌菌丝不能正常生长。

防治方法：培养基要彻底灭菌，接种时，接种工具用75％酒精棉球擦拭消毒后在酒精灯火焰上烧灼灭菌，以防接种时不慎将酵母菌带入培养基内。

(二)子实体生长期常见病害

1. 细菌性锈斑病

细菌性锈斑病，菇农俗称黄菇病。子实体出现病斑，病斑近圆形或梭形，稍凹陷，浅黄色至铁锈色或暗褐色，多发生在菌盖表面下凹处及菌柄中下部，通常只侵染表皮。病斑针尖大小，色浅，数量少；严重时，病斑增多增大，色浅，整个菇体焦黄，浅色菇变成黄色菇。感病后期菇体干瘪皱缩，菌盖因病斑起皱开裂，无商品价值。病菌通过水、空气、培养料、病菇及人工操作等途径传播。高温（＞18℃）且通风不良的条件下易发生。

防治方法：主要以防为主，避免对菇体直接喷药。

第一,选择抗病品种。

第二,栽培者应掌握其发病条件,搞好栽培场地的净化消毒。对旧菇棚每次栽培前必须用硫黄等药剂熏蒸消毒,每立方米空间用硫黄 10～15 克 ,或每立方米空间用高锰酸钾 5 克加 40%甲醛 10 毫升。

第三,做好出菇期管理。随时根据气温变化保持菇棚干湿交替,加强通风,切忌高温、高湿和通风不良。喷水时结合通风,缩短子实体表面附着水的时间。高温季节,早、晚喷水。

第四,药物控制。一旦出现病菇,暂停喷水,加强通风降温,摘除病菇,喷洒 5%清石灰水或 150 毫克/升漂白粉液。

2. 平菇细菌性腐烂病

平菇子实体腐烂病是由荧光假单孢杆菌感染所致。感病初期,子实体会出现淡黄色病斑,从菌盖边缘开始,扩展至菌柄,或从菌柄开始,扩展至菌盖和菌柄基部。轻度感病时,菇体局部腐烂;严重时,整个菇体呈淡黄色水渍状腐烂,发臭,不能正常生长,对产量影响很大。

传播途径:主要通过不洁净的管理用水侵染。高温、高湿、通风不良情况下容易发生。

防治方法:

第一,选用优良抗病品种。

第二,搞好菇棚环境卫生。

第三,喷水时结合通风,干湿交替,避免子实体较长时间附着水。

第四,管理用水用洁净水。

第五,一旦感病,暂停喷水,降低菇棚温度,加强通风。摘除病菇,喷洒 5%清石灰水,或 150 毫克/升漂白粉液。

3. 软腐病

子实体感病后,先从菌柄基部开始,逐渐向上扩展,呈现淡褐色软腐症状。感病严重时,菌柄和菌褶长满白色病原菌丝,呈现网状覆盖于表面,病原菌丝后期变成淡红色。最终整个菇呈淡褐色,变软,一触即倒,但不发臭。

传播途径和发病条件:该病菌主要通过培养料或土壤传播,其分生孢子随空气、昆虫、病菇等扩散。软腐病菌喜潮湿及酸性和有机质多的环境,pH 值 2.2～8 均能生长,适宜 pH 值 3.5 左右。棚室内床栽与带菌土壤接触时或袋栽用带菌土抹菌墙时易感病。

防治方法:出菇期管理注意干湿交替,菇棚经常通风,对土壤进行消毒处理。一旦发病,及时除掉病菇,暂停喷水,通风降湿。对发病处喷洒 5% 清石灰水或 150～250 毫克/升漂白粉液,或 50% 多菌灵可湿性粉剂 800～1 200 倍液,也可在感病处撒生石灰粉抑制其发展。

4. 镰孢霉枯萎病

该病菌主要危害菌柄,往往幼菇期即开始发病。感病初期,菇体淡黄色,疲软,继而发育受阻或变硬,后期整菇变成褐色,枯萎但不腐烂。

传播途径和发病条件:通过空气、土壤、培养料等传播。菇棚湿度大、通风不良时易发病。

防治方法:

第一,选用干燥、新鲜不发霉的原料作培养料,生料栽培拌料时加 25% 多菌灵可湿性粉剂 500 倍液,或 50% 多菌灵可湿性粉剂 1 000 倍液。出菇期管理喷水结合通风,避免菇棚湿度过大。

第二,污染的菌袋及时拣出处理。一旦发病,及时加大通风,降低菇棚湿度,除掉病菇,对发病处喷洒 25% 多菌灵可湿性粉剂 500 倍液,或 70% 甲基托布津可湿性粉剂 800 倍液控制其扩展蔓延。

(三)常见虫害

1. 平菇厉眼菌蚊

平菇厉眼菌蚊是常发性害虫,取食平菇、香菇、木耳、金针菇、猴头菇、蘑菇等多种食用菌。幼虫取食培养料、菌丝体和子实体,造成菌丝萎缩,菇蕾、幼菇死亡。蛀食木耳后会出现烂耳。幼虫取食菌柄时可蛀成空洞,吃光菌盖的菌褶,排出的粪便污染菇体,影响产量和品质。发生条件与温度密切相关,随温度变化而变化,在 13℃～20℃ 周年变化小的地道菇房,可周年繁殖,1 年 10 代左右。平均温度高于 31℃,不能存活。34℃ 温度条件下,成虫放置 4 小时 100% 死亡,幼虫放置 2 小时不能正常发育。37℃ 温度条件下放置 1 小时 100% 死亡。与环境卫生密切相关,菇棚周围不堆积垃圾,及时处理废料,虫量则少。废料经喷药后作有机肥的,虫活量为 0.2%。

2. 宽翅迟眼菌蚊

宽翅迟眼菌蚊危害平菇、香菇、金针菇、黑木耳、毛木耳等,以幼虫取食菌丝和子实体而影响产量和品质。繁殖发育适温 15℃～21℃。14℃～17℃ 时,卵期 5～6 天,幼虫期 16～18 天,成虫期 4～5 天,成虫寿命 3～4 天,一代历时 30 天。

防治方法:保持菇棚周围环境卫生是减轻虫害的关键。培养料和子实体中一旦发生虫害将难控治,因此必须以防为主,防控结合。

第一,搞好环境卫生,及时处理每潮菇采菇后的烂菇、菇柄及废料,绝不能将其随手堆积于菇棚四周,可及时烧掉,也可高温堆肥发酵,在菇棚四周喷洒杀虫剂灭蚊。

第二,菇棚门、窗通风孔安装 0.22 毫米孔径的尼龙纱网,并在纱网上定期喷残效期长的马拉松、喹硫磷等,阻隔成虫进入。

第三,灯光诱杀菇棚中的害虫,用 3 瓦黑光灯或节能灯,在灯下放盆水,内加 0.1％的敌敌畏进行灯光诱杀(关好门窗);用黏虫板,如将黏胶涂于黄板上,挂在灯附近,效果较好。

第四,化学防治,尽量少用农药,喷药前将子实体采收干净,向菌袋和空间、地面、墙壁等喷雾,可喷 2.5％溴氰菊酯乳油 1 500～2 000 倍液,或 40％乐果乳油 500 倍液。

3. 真菌瘿蚊

真菌瘿蚊主要危害平菇、木耳、蘑菇等。幼虫危害菌丝和子实体。菇蕾受害后发黄、萎缩而死亡。子实体长成后,幼虫集中在菇根上或扩展到整菇。在水中可存活多天,干燥条件下活动困难。在培养料或土块表面化蛹,栽培结束清理料袋时,部分幼虫躲进缝隙中形成休眠体。

防治方法:

第一,彻底清除废料,菇棚周围切忌堆放垃圾、残菇、废料袋,杜绝虫源。

第二,菇棚门、窗、通风孔安装孔洞直径 0.2～0.27 毫米的尼龙网,阻隔成虫迁入。并在成虫高峰期向尼龙纱网喷 25％喹硫磷乳油 2 000～3 000 倍液,7～10 天 1 次。幼虫可用 2.5％溴氰菊酯乳油 1 000～2 000 倍液喷洒。栽培袋入棚前,用敌敌畏熏杀。子实体发现幼虫时,及时摘除灭虫,防止蔓延。

第三,用灯光诱杀成虫。

4. 果 蝇

果蝇以幼虫危害子实体的菌盖、菌柄,导致子实体枯萎、腐烂。成虫喜欢在腐烂的水果、发酵料和烂菇上产卵、繁殖,1年多代,1代12～15天,生长适温20℃～25℃。

防治方法:

第一,菇棚门、窗、通风孔安装孔径0.2毫米的尼龙纱网,防止成虫飞入。

第二,菇棚使用前对地面、墙壁,喷洒杀虫剂,如10%氯氰菊酯乳油3 000～4 000倍液。采菇后及时清除小菇、烂菇,以防引诱成虫产卵繁殖。

第三,用诱饵诱杀,如烂水果拌入2.5%溴氰菊酯乳油3 000～4 000倍液等农药,置于盘中诱杀成虫。

5. 跳 虫

跳虫是危害食用菌菌丝体和子实体的主要害虫。常见的有原跳虫、蓝跳虫、黑扁跳虫、菇疣跳虫等。跳跃高度可达数厘米,不怕水。20℃～28℃时大量发生。平时生活在潮湿的草丛、枯树皮、垃圾以及有机质丰富的土壤中。可随培养料、管理用水、覆土等进入菇棚,取食菌丝,啃食子实体的菌皮和菌肉,危害严重时,能使幼菇停止生长或发育畸形。被害子实体表面会出现凹陷斑痕,菌柄上会出现细小孔洞,菌褶被啃食成锯齿状。跳虫喜跳跃,在菇体表面聚集成烟灰状群体,春、秋两季遇连续几日下雨潮湿转晴时,活动猖獗。

防治方法:

第一,搞好菇棚内外环境卫生,菇棚外及时清除杂草、垃圾等废物。

第二,防止地势低洼积水,菇场选择周围环境污染少、无严重病虫史的地块。

第三，栽培入棚前要密闭熏蒸，每立方米空间用硫黄10～15克，或用5克高锰酸钾加10毫升甲醛。

第四，菇棚密封程度较差时，可用药剂喷雾杀虫，如用80%敌敌畏乳油1 000倍液，出菇后可向菌袋和空中、地面各处喷雾，切忌直接向子实体喷药。

6. 螨　类

俗称菌虱。螨类是食用菌栽培中危害最大的一类害虫。其个体很小，繁殖力极强，分散时很难发现，聚集时才能察觉，已对生产造成损害，使人防不胜防。螨类繁殖适温18℃～30℃，25℃条件下，15天可繁殖1代。喜温暖、潮湿环境。主要潜藏在基肥、饼粉、培养料、粮食、饲料谷物的仓库及鸡舍、畜圈等腐殖质丰富、环境卫生差的场所。可随气流飘移，也能借助管理人员的衣着侵入菇棚。螨类侵入后，危害菌丝和子实体，造成菌丝萎缩，影响子实体形成，或使幼菇受伤腐烂，严重影响产量和品质。

防治方法：

第一，搞好菇棚内外环境卫生。培养基、栽培菇棚切忌堆积废料、垃圾等，培养基、菇棚远离仓库、鸡舍、饲料间等。

第二，经常检查。取少量菌丝生长稀疏的菌种，置于玻璃上，用阳光暴晒或在电灯泡下加热30分钟后，用10倍放大镜检查。

第三，螨害一旦发生，可用糖醋液诱杀。糖和醋各5%加90%的水，配成糖醋液，用纱布浸入液中取出略拧干，覆在受害处。也可用药剂喷杀，采菇后向菌床或菌袋喷5%霸螨灵悬浮剂1 000～2 000倍液。

7. 蛞　蝓

又称鼻涕虫、黏黏虫、软蛭。蛞蝓无外壳，软体动物，体型大小不一。幼体灰白色至灰色,成体暗褐色、黄褐色或深橙色。适宜温暖阴湿的环境,昼栖夜出寻食。春、秋季繁殖率高,1年1代或2代,危害平菇、香菇、木耳、银耳、草菇等多种食用菌。取食子实体菌盖或耳片,造成穿孔,甚至将菇体大部分吃掉,被害幼菇不能正常发育或死去,成熟菇则残缺不全,失去商品价值并造成严重减产。蛞蝓取食运动时,所经之处留下一道道白色发亮的黏液和排出的粪便,受害子实体会引发感染病害。

防治方法:

第一,清除栽培场地外的砖块、瓦砾、枯枝落叶、草堆,铲除杂草。菇棚内外地面、墙角撒石灰粉或草木灰,保持清洁。

第二,黄昏时蛞蝓出动后人工捕捉,可收到一定效果。

第三,药物防治。可用5%食盐水、稀释700倍的氨水或石灰水喷洒在草堆等蛞蝓出没的地方,或将新鲜石灰粉撒在菇场周围,每3~4天1次,或1份漂白粉加10份石灰粉混匀撒在蛞蝓经常活动的地方。大量发生时,用盐水15~20倍液于午后喷洒地面。

第四,诱杀。将聚乙醛300克、蔗糖50克混匀拌入炒过的米糠(400克)中,制成药粉,于雨后初晴时撒于菇棚周围诱杀。

8. 蓟 马

又称爬杆虫。主要危害木耳。成虫黑色,体小,细长略扁,双眼突出。若虫红色,很像成虫。若虫、成虫群集性强。从若虫开始即入侵耳片,吸取耳片汁液,使耳片萎缩,严重时造成流耳(香菇上的蓟马多在菌褶上活动,取食香菇孢子)。

防治方法:

第一,用布条沾湿90%晶体敌百虫1000~1500倍液驱赶。

第二,用涂料、黏胶剂或米汤黏杀。

第三,采摘后用 40％乐果乳油 500～1 000 倍液,或 45％马拉硫磷乳油 1 500 倍液喷雾。

9. 佰步行虫

又称壳子虫。佰步行虫体表有黑斑或红斑,成虫椭圆形,是危害木耳的主要害虫。成虫啃食耳片外层,幼虫危害耳根,或钻入接种穴内蛀食耳芽,被害耳根不再长耳。大量发生时,危害严重。

10. 四斑丽甲

又称花壳子虫。四斑丽甲是危害木耳的害虫。成虫后翅有 4 个黄色斑点,幼虫黑褐色、体扁。成虫和幼虫都喜食幼嫩的耳芽、耳基和幼小的子实体。

防治方法:

第一,入冬前清除菇场杂物,喷洒 80％敌敌畏乳油 200 倍液以减少虫源。

第二,采收时随时人工捕杀成虫和幼虫。

第三,发生季节用药物防治。每年 3～4 月份在菇场喷洒 1 次杀虫剂以减少虫源,新老成虫重叠高峰期用 2.5％溴氰菊酯乳油 1 000～2 000 倍液,或 80％敌敌畏乳油或 90％晶体敌百虫 500～1 000 倍液喷洒,每隔 10 天喷洒 1 次,防治效果良好。

七、食用菌规模生产的科学管理

食用菌生产具有一定的规模才能收到较高的经济效益。生产规模大,必然涉及基础设施、原材料、人工等成本问题,科学管理应尽可能节约成本,提高效率。

(一)原 材 料

一定规模的生产需大量原材料,原材料贮存需较大的库房面积,且通风条件要好,要求占地面积大,同时要有一定的设施投入。每年的棉籽壳 9 月中旬产出,玉米芯一般 1～2 月份产出,刚产出的棉籽壳或玉米芯内含一定的水分,保管不好会发霉。为节约资金,减少设施投入,同时解决贮存不好的问题,姚振庄的经验是少贮存,固定货源,分批进料,随用随进。

(二)合理用工

规模生产各个环节如拌料、裁袋、装袋、灭菌、接种、管理等均需雇工人,姚振庄大部分聘用当地农村剩余妇女劳力,一方面不存在食宿问题,相对固定,不仅技术熟练,保证质量,而且工作效率高。装袋、接种均采用计件付酬,工人积极性高,速度快,质量比机器装袋还好。

（三）把握市场

第一，搞好市场调查研究，把握市场需求变化。食用菌属于蔬菜类，季节性强，市场因货源变化价格变化不稳定，时高时低。生产规模小，尤其刚起步从事食用菌栽培的菇农，若恰逢采菇时价格低，挣不了钱，生产积极性受挫，以至放弃，生产上这样的情形不少。姚振庄之所以20多年来不仅没有因受挫折而停止或放弃，很大程度上是他对市场变化的调查分析，随时了解预测市场动向和变化规律。价格不稳的因素很多，一是季节，生产淡季，货源少则价格高，大量上市则价格下降。二是市场容量大小，像北京这样的大城市，消费量大，受上市量影响不明显。一些中等城市，如保定附近地区生产的平菇，采菇集中，上市量大，价格偏低。从近两年的市场价格变化调查看，价格高低变化有时是几天或十几天时间，生产量小的菇农，如是季节生产，赶上采头潮菇时上市量大，价格低，就会对收益造成很大影响。若生产量大，栽培时装袋时间棚与棚间是错开的，自然出菇时间是错开的，上市时间不会很集中，受影响相对较小。食用菌同其他蔬菜同时上市场鲜销，自然会受其他鲜菜价格的影响，一般情况而言，食用菌在众多鲜菜中属于价格偏高的一种。平菇产量高，栽培粗放，栽培的菇农较多，上市量较大，和同时上市的杏鲍菇、鸡腿菇相比，价格低，但比其他蔬菜如芹菜、西葫芦等的价格要高。杏鲍菇等小菇类一直是菜类中较贵的，一是因其产量低，二是技术含量高，栽培的菇农少，上市量少，如保定市场，尽管每千克8～9元，比其他蔬菜价格高1～2倍，销售情况仍然很好。从另一个方面反映出人们的生活水平提高了，购买力增强了，冬季以大白菜为主的消费结构已成为历史。

虽然冬季天气变化,如下雪影响交通运输,蔬菜价格上升的情况不可预测(引起的价格浮动是临时性的),但通过调整出菇时间,或是调整单一菇类结构,实现少受或不受市场价格变化影响的目的是可能的。姚振庄具有较成功的经验。他栽培的白平菇,由专业菇商运往北京、天津、石家庄等大、中城市的超市,价格比普通菜市场的黑平菇高。他随时通过菇商了解市场销售情况,自己也常亲自到北京新发地等批发市场调查研究,试探性地扩大规模。同时,通过外地拉菇的菇商捎上少量食用菌销往外省,开发新市场,避免盲目扩大规模,超出正常销售量引起价格不稳。在市场调研、随时掌握动向的基础上,还可控制菇商不能随意压低收购价。

第二,考虑销售问题。平菇主要是鲜售,当天采摘后及时上市销售。栽培量小,采摘后菇农一般自己到当地市场卖,销量有限。运往大、中城市,市场大,销量大。采摘后当即装箱运走,生产者多栽培多收益。这就涉及运输成本问题。量少,不够运费,无论自己运输还是交菇商都要保证一定的规模。一家一户生产,规模小,自己不能运,又没人来收,销售制约着生产规模扩大。有不少地区,栽培食用菌一直是零零散散,发展不起来,说到底还是销售问题。

唐县的特点是不仅有像姚振庄这样较大的生产者,还有小规模的散户,每一户作为副业栽培2~3个棚。村子里大部分农户栽培,或是当地专有菇商,采后即装车运走,也有外地专业菇商来拉,菇农只管生产,不去上市零售。没有食用菌栽培基础的地区,农户不具备大规模生产的资金和能力,可采用多户合作,个体生产,集中销售。此外,有些食用菌可干制,如木耳既可鲜销,又可晒成干品贮存,卖干品,不受当日采摘当日销售的限制，即使夏季温度较高，也不用担心鲜销不完放坏的问题。

（四）节约成本和环境保护

食用菌生产属设施农业，需一定的投资，对于农民来说，缺少资金，在生产过程中，一定要注意一切以节约成本、提高效率为指导思想，以少花钱多办事、办大事为原则。或许是姚振庄白手起家太不容易，因此他处处精打细算，因陋就简，不贪大图洋，动脑筋肯钻研，不断进行技术创新和发明创造，真正做到了少花钱办大事。

1. 节约成本提高效率

第一，姚振庄自己组装制作臭氧发生器，由至少 500～600 元/台降到每台 300 元左右成本。在接种室、培养室分别按空间大小不等安装几台臭氧发生器，没有多少投资，却将培养室变成了既是接种室又是培养室。培养室空间大，随接种随就地摆放，不用再搬运，不仅操作方便，节省了人工，又节约了成本。

第二，自己制作拱架。建棚用的复合材料拱架，若购买成品，价格较高。姚振庄根据配方买原料自己制作，用铁板自制大漏斗，用大漏斗将调好的糊浆灌入 10 厘米宽的聚丙烯塑料筒内，用铁管做成模状，趁糊浆未凝固前，顺铁管摆放好，凝固后便成拱形。比买的还好，因外面还包了一层聚丙烯薄膜。这样一来，节省了不少钱。

第三，自己制作拌料机、装袋机。

第四，自己制作裁袋器、打孔器，操作简便，工作效率高。仅裁袋器、打孔器这两项技术，不仅本村和附近菇农使用，传到外地,使很多菇农受益。

第五,菇棚安装微喷设备。在菇棚发菌时,可用微喷管向菌袋喷药,出菇时,用微喷喷水保湿。操作简便,代替人工使用喷雾器,省工省力,不伤身体,且成本低。

第六,自制保温箱培养母种,容量大,存放多。

第七,将废旧冰箱改制成生化培养箱,培养母种,废品利用,节约投资。

2. 环境保护

姚振庄十分重视环境保护,制种和栽培各个环节均严格遵守操作规程,菇场周围从不乱扔垃圾及废料,菇棚内外清洁卫生。

第一,制种时严格无菌操作,尽可能不污染。

第二,制原种和栽培种,培养基灭菌彻底,接种室严格消毒、灭菌,接种时接种人员衣着卫生,其他人员不能随意进出接种室,接种成功率高。

第三,及时处理污染菌袋。对于少量的污染菌袋,姚振庄从不随意将其乱扔在接种室、培养室和菇棚周围,而是将其集中一起,重新蒸汽灭菌(100℃保持24小时)再利用,以保持环境清洁无污染源。

第四,废菌袋的再利用。每年出菇后大批量废菌袋,必须妥善处理。有如下几个途径,既可保护环境,又可循环利用。

一是作鸡腿菇栽培料。将栽培平菇出菇后的废料袋,剥去塑料袋皮,废料重新粉碎,加适量辅料栽培鸡腿菇。

二是作饲料。棉籽壳作培养料栽培平菇出菇结束后的废菌袋,剥去塑料袋皮,粉碎作饲料的配料。出菇后的菌丝体含有碳水化合物和蛋白质,配成饲料后喂牛,具有很好的营养价值。

三是作燃料。栽培木耳的培养料是由棉籽壳、玉米芯和木屑混合而成,出耳后的废菌袋或废菌糠可重新利用;栽培过鸡腿菇后的废菌袋,可作燃料烧锅炉取暖。

四是作肥料。出菇后的废菌袋,如用废菌糠栽培过鸡腿菇的菌袋,出菇后剥去塑料袋皮,垫牛圈造肥,不仅提高地力,还改善土壤结构。

(五)制约进一步发展的因素和对策

我国食用菌发展很快,改革开放 20 多年来,产量一直以每年 18%～20%的速度增长,出口创汇不断增加,成为世界食用菌生产大国。我国是农业大国,农业下脚料年年产出,原料广泛。随着生产的发展,农村农民逐渐由体力劳动发展为半机械化、机械化生产,剩余劳力越来越多,这些因素使食用菌生产具有非常好的基础条件。

全国总的发展形势大好,但表现在各地区间发展很不平衡,有些县、乡、村食用菌生产已成为当地经济收入的支柱产业,也成为农民生产致富的重要项目。但相当多的地区一直发展缓慢,仅限于少数零零散散的种植户,产出的鲜菇靠自己到当地市场销售,经济效益不高,有的做 2～3 年就放弃了。即使像唐县这样具有 20 多年栽培史,现已成为华北平菇生产大基地的县,绝大多数菇农地只以此为副业,生产不成规模,年收入仅 1 万～2 万元。像姚振庄这样发展成具有一定规模,并以食用菌生产为主业的大户也面临进一步发展的诸多问题。分析原因,可归纳为如下几方面。

第一,销售过程中,中间环节多,层层加价,生产者效益受影响,影响生产积极性。从菇棚将鲜菇采摘后到消费者的菜篮子中,往往要经过几道中间环节,层层加价。拉菇的菇商到菇农采摘现场收购,运往大、中城市,除运输成本外,菇商要赚钱;交给批发市场,批发市场再批发给零售商,又加一次价;零售商到菜市场去卖再加 1 次价。若从更远的外地到批发市场倒卖,贩运到外地后再批发给当地零售商或到超市,再到消费者菜篮子时无形中又多加 2 次价。消费者买菇觉得贵,可生产者收益并不多,且生产者独自承担风险,影响生产积极性。以保定菜市场 2007 年 3 月中旬平菇零售价为例,市场零售价每千克 4 元,当天到 50 千米外唐县菇农采菇现场,拉菇的菇商以每千克 1.4 元在收购装车。

根据调查资料,栽培历史较早、发展较稳定、生产水平居于中等的湖北省天门市菇农的生产结构,是以一定生产规模的专业户为主体,以自然村为发展小区所形成的生产群体,和唐县的情况相似。这种生产形式的特点是以分散性个体生产和经营为主,菇农投资力量有限,担不起大的风险。生产规模不够大,各大、中城市超市的供货,或宾馆饭店用菇不能由菇农直接送货供应,而由批发市场进货,不跟菇农个体打交道,因为稳定的定时定量供货无保障。生产规模小,拉菇的菇商少,菇商间不能构成竞争,收购价不好控制。菇农独自承担风险,收入不稳定。像姚振庄这样具有一定规模的专业户,已有多年的资金积累,况且是周年生产,价格有高时有低时,不至于像栽培 10～20 吨料的菇农,采菇时恰逢价低损失惨重,收入不稳定,资金有限,不会轻易投资,怕冒风险,制约进一步扩大规模。

第二,散户生产,基础设施差,规模小,无出口能力。如有韩国商人来唐县欲求购栽培菌棒,需求量大,要求常年供货。而唐县菇农均属散户,基础设施差,保证不了需要的量,也保证不了常年生产,面对机会,只能放弃。

第三,根据市场需求变化,调整生产结构,扩大规模,多元化发展。改革开放促进了生产发展和经济发展,人民生活水平不断提高,消费能力提高,消费观念在不断变化。新形势下,食用菌产业正在原来以平菇、香菇占有市场的基础上,逐渐向多元化多品种方向发展。茶树菇、杏鲍菇、鸡腿菇、白灵菇、金针菇等名贵菇类的生产量在逐年增加,这些菇类栽培工艺较平菇复杂,生物效率相对低,市场上价格高,效益好。根据市场需求变化,姚振庄在保证以平菇—白背毛木耳搭配周年生产的基础上,增加猴头菇—白平菇—白背毛木耳搭配生产模式,鸡腿菇周年生产模式(利用废菌糠栽培鸡腿菇),杏鲍菇周年生产模式,扩大生产规模,进行品种多元化生产,提高竞争力。

第四,政府扶持注册公司,创品牌,增加信誉度,增强竞争力。散户个体生产经营,在产销方面的矛盾已充分显现出来,严重制约进一步发展,而发展缓慢又直接影响经济效益。解决这一矛盾,势必应逐步向产业化发展,实践证明公司加基地加农户,或公司加农户,是一种较好的发展形式。近期,唐县政府有关部门给予姚振庄大力支持,并给予一定的资金扶持,成立了唐县平菇协会,注册了恒发食用菌有限公司。拟生产优质菌种,供应当地菇农或外地求购的菇农用种,进行深加工,拓宽销售渠道,创品牌增强竞争能力。通过增加设施投入,进一步扩大生产规模。根据市场需求变化,结合本地气候条件,调整原有周年生产模式,发展多种周年生产模式。多种菇类搭配,多样化生产,调节品种单一受市场价格变化影响较大的矛盾。在生产过程中,不断提高和创新栽培技术,提高管理水平。搞好示范,带动全县人民在竞争中进一步发展。

八、食用菌周年生产问题解答

（一）为什么有人种菇挣钱，
有人不挣钱还赔钱？

栽培食用菌是一项周期短、见效快、收益高的产业，不挣钱或赔钱的原因各不相同，种菇不仅技术性较强，还需要有销路，一要掌握技术，二要有市场，两者并重，缺一不可。

有些人有技术，但不考虑销路，盲目投资，导致产出的菇卖不出去。还有些人则是盲目追随市场，哪种菇贵种哪种，不考虑本地气候条件和自身条件，种植过程中出现严重问题，无法解决，中途夭折，挫伤积极性。这两种都是只凭热情、不切实际的做法，在生产实践中这样的教训很多，在此，提几点建议供参考。

第一，先调查市场，再决定投资。即种菇前，先考虑销路，种出的菇到哪卖？卖给谁？怎么卖？如果卖给公司，事先签订合同，若自己销售，要亲自调查市场日销货量、价格等。一定要以销定产，不能蛮干。

第二，一定要掌握技术，包括制种技术和栽培管理技术。尤其是初次种菇，建议最好选择平菇，平菇适应性广、抗逆性强、生物效率高，相对好种，而且需求量大，相对好卖。平菇技术掌握了，再种其他的就比较容易了。如果一开始就选择技术环节复杂的菇，不易成功，则影响积极性。

(二)食用菌周年规模生产需要多少投资?

不同地域地租、劳动力价格差别很大,原材料不同年份的价格也在不断变化,以姚振庄周年生产 200 吨干料为例估算需要的投资如下:

第一,地租,每 667 平方米每年租金 720 元,0.4 公顷地(6 亩)年租金 4 320 元。

第二,日光温室塑料大棚 10 个(6.5 米宽,33 米长),每个棚需直径 2 厘米的细竹竿 300 根,每根 1.2 元,需 360 元;直径 5 厘米、长 4.5 米的粗竹竿 50 根,每根 2.5 元,需 125 元;自制水泥柱 150 根,每根成本费 3 元,需 450 元;塑料棚膜 250 元;草帘(1.8 米宽,9 米长)18 块,每块 25 元,需 450 元;绳子 50 元;铁丝 20 元;建棚用工费 1 000 元。每棚合计需 2 705 元,10 个棚需 27 050 元。

第三,灭菌室 1 000 元;锅炉 2 200 元。

第四,接种室 4 500 元。

第五,简易培养室 4 000 元。

第六,空调 3 个,24 000 元;冰箱 2 000 元;自制保温箱 100 元;自制拌料机 600 元(买成品机 1 500~1 600 元);自制臭氧发生器每台 350 元(买成品机每台 600~800 元),3 台 1 050 元;千斤顶小车 1 300 元;自制灭菌周转筐 350 元;培养架每个 250 元,60 个 15 000 元。合计 44 400 元。

第七,原料:棉籽壳每千克 0.7 元,每棚每年 13 吨 9 100 元;玉米芯每千克 0.48 元,3 吨 1 440 元;木屑每千克 0.2 元,3 吨 600 元;塑料袋每个 0.06 元,40 000 个 2 400 元。合计 13 540 元。10 个棚需 135 400 元。

第八，每年生产用工费约 20 000 元（用长期工 4～5 人，临时工最多时 20 人左右）。

上述各项总计约需 242 870 元。

（三）如何选择确定种菇原料？

原料选择首先考虑所种菇的特性，比如一般木腐菌分解木质素的能力较强，木屑、棉籽壳、玉米芯等均可作栽培料，而草腐菌，如草菇、双孢菇分解纤维素能力强，分解木质素能力差，应选稻草、麦秸、牛粪等。在这些原料中也有优劣之分，栽培时不能只考虑原料价格，而要计算投入产出比是否合适再确定。以平菇为例，棉籽壳、玉米芯、木屑均可栽培，其中棉籽壳产量最高，远大于木屑，虽然棉籽壳价格比木屑贵，计算投入产出比棉籽壳作原料最终收益要远高于木屑作原料。

（四）栽培者为什么必须了解所栽培菇类的生物学特性？

不同菇类对环境条件的要求不同，同种菇类不同品种或同一品种不同生长发育阶段对环境条件的要求也不同，主要是温度、水分与湿度、氧气和二氧化碳、光照、酸碱度等特性，不了解清楚，栽培管理时就不可能为其提供合适的条件，措施不得力，就会出现问题。

（五）周年栽培如何进行多菇类搭配？

利用自然季节气候变化，在同一设施内进行周年生产，可充分利用设施条件增加收益。根据本地区历年的气象资料，了解最热和最冷季节的气温，考虑种哪种菇能生长，生育期多长；还要结合市场，考虑销售和效益如何，综合考虑确定栽培菇种。再配以科学的栽培管理技术，才能达到理想的结果。

（六）单菇周年栽培选哪种菇？

一种菇周年栽培，必有其不适宜的季节，一般适宜春秋栽培的菇，冬季和夏季就不适宜。目前，生产上非工厂化栽培周年生产一种菇，一般通过建造菇棚，尽可能保证冬季保温、夏季隔热，如菇棚冬季最冷时生火、夏季制冷等措施，成本提高，要计算投入产出比是否合适。华北地区主要选择淡季市场价格高、销路好的菇种，如杏鲍菇、鸡腿菇等。

（七）种菇为什么要自己制种？

种菇工作包括两大环节，一是制种，二是栽培管理。无论种植什么菇，都必须先制种。购买原种或栽培种不仅成本高，而且质量无保障，常出现问题。建议菇农自己制种。生产规模小的菇农，设备不全，自己可不保存母种，向制种公司购买少量母种扩繁。引入一个新品种时，需栽培试种，表现好再确定下一年扩大栽培量。

（八）同法接种为什么有时成功率很 高，有时却污染很严重？

生产实践上，广大菇农创造出很多好的无菌操作接种方法,以香菇为例,同是打孔接种,接种后不用胶带封口,而用薄膜折叠覆盖,省工省力。在海拔 800 米的河北省承德围场县,1～4 月份,香菇打孔接种,不用胶带粘贴,污染率很低,而同样的方法在 7 月上旬接种,加之在通风不良的条件下培养,污染率达 90％以上。出现问题后,菇农找不到原因,不清楚高温高湿条件下杂菌易繁殖。因此,各种措施应用时必须灵活掌握,不能机械模仿。

(九)出菇后期菌袋脱水应采取什么方法补水?

为充分提高生物效率,出菇后期需向菌袋补水或营养液。补水的方法有注水、浸泡、脱袋埋土、抹菌墙等,实践证明埋土和抹菌墙的方法增产效果明显,棚内做畦埋土占地较多,但适用大部分菇类,而注水和抹菌墙的方法对抗杂菌能力差的菇类就不适用。以平菇为例,黑平菇菌袋注水或抹菌墙均可增产,生产上有的出 1 潮菇后便抹成菌墙,有的 3 潮菇后菌袋严重脱水时再抹成菌墙,都能收到很好的增产效果;而白平菇即使土中加 3％生石灰抹成菌墙仍污染。因此,在生产中要视具体情况灵活掌握。

(十)如何预防平菇菌丝生理成熟未显
原基前遇高湿和冷空气刺激产
生大量黄水导致减产?

平菇菌丝生理成熟未显原基时,向袋口喷水或错季栽培突遇降雨,空气湿度大,加上冷空气刺激,袋口菌丝 2～3 天内便会分泌大量黄水,原基迟迟不能形成,严重影响产量。这种情况应以预防为主,未显原基前不要开袋,更不要向袋口喷水;遇天气突变,阴雨天,空气湿度大,要关闭菇棚通风口,避免突遇高湿和冷空气刺激而致菌丝产生黄水。

金盾版图书,科学实用,
通俗易懂,物美价廉,欢迎选购